Wissenschaftliche Taschenbücher

WTB

Biologie

Klaus Odening

Parasitismus

Grundfragen und Grundbegriffe

Akademie-Verlag · Berlin

WTB Wissenschaftliche Taschenbücher

WERNER HABERDITZL
Magnetochemie

A. A. SOKOLOW
Elementarteilchen

HEINZ AHRENS
Varianzanalyse

HANS-JÜRGEN TREDER
Relativität und Kosmos
Raum und Zeit in Physik, Astronomie und Kosmologie

ALBERT EINSTEIN
Grundzüge der Relativitätstheorie

ALBERT EINSTEIN
Über die spezielle und die allgemeine Relativitätstheorie

GÜNTHER LUDWIG
Wellenmechanik. Einführung und Originaltexte

HARRY PAUL
Lasertheorie, Teil I und II

FRANZ RUDOLF KESSLER
Einführung in die physikalischen Grundlagen der Kernenergiegewinnung

D. TER HAAR
Quantentheorie. Einführung und Originaltexte

J. H. SANDERS
Die Lichtgeschwindigkeit. Einführung und Originaltexte

JEAN KUNTZMANN

Unendliche Reihen

Mathematische Hilfsmittel der Physik und Chemie

Mit 94 Übungen und 29 Aufgaben

JEAN KUNTZMANN

Systeme von Differentialgleichungen

Mathematische Hilfsmittel der Physik und Chemie

Mit 88 Übungen und 40 Aufgaben

JEAN KUNTZMANN

Komplexe Veränderliche

Mathematische Hilfsmittel der Physik und Chemie

Mit 90 Übungen und 37 Aufgaben

FERDINAND CAP

Einführung in die Plasmaphysik

I. Theoretische Grundlagen

FERDINAND CAP

Einführung in die Plasmaphysik

II. Wellen und Instabilitäten

FERDINAND CAP

Einführung in die Plasmaphysik

III. Magnetohydrodynamik

J. A. ROSANOW

Wahrscheinlichkeitstheorie

HARRY PFEIFER

Theorie linearer Bauelemente

Elektronik für den Physiker I

HARRY PFEIFER

Die Elektronenröhre

Elektronik für den Physiker II

HARRY PFEIFER

Schaltungen mit Elektronenröhren

Elektronik für den Physiker III

HARRY PFEIFER
Leitungen und Antennen
Elektronik für den Physiker IV

HARRY PFEIFER
Mikrowellenelektronik
Elektronik für den Physiker V

HARRY PFEIFER
Halbleiterelektronik
Elektronik für den Physiker VI

GERHARD HÜBNER / KLAUS JUNG / ECKART WINKLER
Die Rolle des Wassers in biologischen Systemen

STEPHEN G. BRUSH
Kinetische Theorie, Teil I und II
Einführung und Originaltexte

EBERHARD HOFMANN
Eiweiße und Nucleinsäuren als biologische Makromoleküle
Dynamische Biochemie, Teil I

EBERHARD HOFMANN
Enzyme und energieliefernde Stoffwechselreaktionen
Dynamische Biochemie, Teil II

EBERHARD HOFMANN
Intermediärstoffwechsel
Dynamische Biochemie, Teil III

EBERHARD HOFMANN
Grundlagen der Molekularbiologie
und Regulation des Zellstoffwechsels
Dynamische Biochemie, Teil IV

HERBERT GOERING
Elementare Methoden zur Lösung von
Differentialgleichungsproblemen

PETER KRUMBIEGEL
Isotopieeffekte

D. M. BRINK
Kernkräfte. Einführung und Originaltexte

DIETER ONKEN
Steroide
Zur Chemie und Anwendung

HEINZ GEILER
Ökologie der Land- und Süßwassertiere

ARTHUR P. CRACKNELL
Angewandte Gruppentheorie. Einführung und Originaltexte

DIETER KLAUA
Elementare Axiome der Mengenlehre

GÜNTER TEMBROCK
Grundlagen der Tierpsychologie

J. F. VINSON
Optische Köhärenz in der klassischen Theorie und in der Quantentheorie

W. R. HINDMARSH
Atomspektren. Einführung und Originaltexte

GÜNTHER TEMBROCK
Biokommunikation
Informationsübertragung im biologischen Bereich
Teil I und II

ADOLF ZSCHUNKE
Kernmagnetische Resonanzspektroskopie in der organischen Chemie

DIETER MERKEL
Riechstoffe

JOHN CUNNINGHAM
Vektoren

GEORG DAUTCOURT
Relativistische Astrophysik

ERNST SCHMUTZER
Symmetrien und Erhaltungssätze der Physik

GERHARD LERCH
Pflanzenökologie

MICHAEL GÖSSEL
Angewandte Automatentheorie, Band I
Grundbegriffe

MICHAEL GÖSSEL
Angewandte Automatentheorie, Band II
Lineare Automaten und Schieberegister

HEINRICH KINDLER
Der Regelkreis. Eine Einführung

A. R. KESSEL
Akustische Kernresonanz

WOLFRAM BRAUER / HANS-WALDEMAR STREITWOLF
Theoretische Grundlagen der Halbleiterphysik

HARRY PAUL
Nichtlineare Optik, Teil I und II

HANS BANDEMER / ANDREAS BELLMANN
WOLFHART JUNG / KLAUS RICHTER
Optimale Versuchsplanung

DIETRICH BENDER / ERNST-EGON PIPPIG
Einheiten, Maßsysteme, SI

DIETER KLAUA
Grundbegriffe der axiomatischen Mengenlehre, Teil I und II

E. G. GOLSTEIN
Konvexe Optimierung. Die Elemente der Theorie

HELMUT FRIEMEL / JOSEF BROCK
Grundlagen der Immunologie

L. A. SKORNJAKOW
Elemente der Verbandstheorie

HANS-MARTIN BARCHET
Chemie photographischer Prozesse

N. D. SHEWANDROW
Die Polarisation des Lichtes

JOACHIM NITSCHMANN
Entwicklung bei Mensch und Tier

EBERHARD TEUSCHER
Pharmakognosie, Teil I und II

R. A. R. TRICKER
Frühe Elektrodynamik

SIEGFRIED HAUPTMANN
Über den Ablauf organisch-chemischer Reaktionen

KONRAD KREHER
Festkörperphysik

A. S. SONIN / B. A. STRUKOW
Ferroelektrizität

VOLKER KEMPE
Theorie stochastischer Systeme

ROLF BORSDORF / MANFRED SCHOLZ
Spektroskopische Methoden in der organischen Chemie

DIETER KLAUA
Kardinal- und Ordinalzahlen, Teil I und II

A. A. SMIRNOW
Metallphysik

KLAUS ODENING
Parasitismus. Grundfragen und Grundbegriffe

Vorschau auf die nächsten Bände:

WOLFGANG PAULI
Vierpoltheorie und ihre Anwendung auf elektrische Schaltungen

R. A. R. TRICKER
Die Beiträge von Faraday und Maxwell zur Elektrodynamik

WTB

BAND 112

Klaus Odening

Parasitismus

Grundfragen und Grundbegriffe

Mit 13 Abbildungen und 3 Übersichten

AKADEMIE-VERLAG · BERLIN

Reihe BIOLOGIE

Herausgeber:
Prof. Dr. H. Bochow, Berlin
Prof. Dr. H. Borriss, Greifswald
Prof. Dr. E. Hofmann, Leipzig
Prof. Dr. J. O. Hüsing, Halle/Saale

Verantwortlicher Herausgeber dieses Bandes:
Prof. Dr. J. O. Hüsing, Halle/Saale

Verfasser:
Dr. sc. Klaus Odening
Berlin, Akademie der Wissenschaften der DDR,
Forschungsstelle für Wirbeltierforschung (im Tierpark Berlin)

1974

Lizenznummer: 202 · 100/509/73
Herstellung: VEB Druckhaus „Maxim Gorki", 74 Altenburg
Bestellnummer: 761 647 8 (7112) · LSV 1304
Printed in GDR
EVP 8,–

Vorwort

Dieses Taschenbuch setzt Kenntnisse über Bau und Systematik der Parasiten und über die Lebensweise einiger Vertreter der wichtigsten Parasitengruppen voraus. Im Vordergrund stehen Fragen der Ökologie, Entwicklung, Fortpflanzung und Lebenszyklen der großen Parasitengruppen und ihr Verhältnis zu den Wirten, z. T. auch Fragen der Evolution. Parasitismusforschung wird vorwiegend in künstlich abgegrenzten Bereichen wie Zoologie, Botanik, Mikrobiologie, Medizin, Phytopathologie betrieben. Inwieweit dort verwendete Begriffe dasselbe bedeuten oder nur auf bestimmte Parasiten oder Parasitismusformen zutreffen, ist eine Leitlinie der Ausführungen. Parasitismusforschung ist interdisziplinär: Sie erfolgt auf allen biologischen Ebenen, von der biozönologischen über die organismische bis zur molekularen, wobei der Parasitismus nur als Einheit all dieser Bereiche verstanden werden kann. Durch vergleichende Behandlung sollen das Spezifische großer Parasitengruppen wie Viren, Bakterien, Protozoen, Pilze, Helminthen und Arthropoden und ihre Stellung in der komplexen Erscheinung des Parasitismus deutlich und für alle Parasiten gültige Gesetzmäßigkeiten sichtbar werden. Die Behandlung terminologischer Probleme soll zum Nachdenken anregen. Sicher werden nicht alle „Grundfragen" des Parasitismus berührt. Eine Darstellung von Physiologie und Biochemie des Parasit-Wirt-Verhältnisses hätte den Rahmen des Buches gesprengt. Es sei aber darauf hingewiesen, daß von neuen Ergebnissen auf diesem wichtigen Gebiet weitere Erkenntnisse über den Parasitismus bestimmter Gruppen, seine Formen und Grade sowie über die Wirtsspezifität zu erwarten sind. Außer Physiologie und Ökologie sind es vor allem Genetik, Ontogenetik und Evolutionsforschung bei Parasiten, deren Erkenntnisse noch offene Fragen beantworten werden und die auch allgemeinbiologische Bedeutung haben können (man denke an die Impulse, die von der Bakteriophagenforschung ausgingen).

Im Text sind mehrfach die Namen von Forschern (z. T. mit Jahreszahl) genannt, die zur Erkenntnis bestimmter Erscheinungen und Zusammenhänge beigetragen haben — aus Platzgründen konnte jedoch keine Aufführung aller zitierten bzw. benutzten Literaturquellen erfolgen. — Für Hinweise und anregende Diskussionen zu den Wirten der Helminthen danke ich Herrn Doz. D. K. Božkov (BAW, Sofia), für kritische Durchsprache mikrobiologischer Fragen Herrn Dr. med. vet. habil. K.-D. Jentzsch (AdW, Berlin), für die Durchsicht des Manuskriptes den Herren Prof. Dr. Dr. h. c. H. Dathe (Berlin) und Prof. Dr. J. O. Hüsing (Halle). Die Ausführung der Grafiken verdanke ich Frau I. Liebmann.

Dieser Band wurde gleichzeitig als „Berliner Tierpark-Buch Nr. 26“ eingeordnet.

K. Odening

Inhalt

1. Der Parasitismus als Lebenserscheinung

1.1. Allgemeines

Als „Parasitismus“ werden in der Biologie bisweilen mehr oder weniger ähnliche Vergesellschaftungsformen zusammengefaßt. Wir werden sehen, daß bei „Körper-Kontakt-Vergesellschaftungen“ außer dem Parasitismus auch Epökie, Kommensalismus, Mutualismus und andere zu unterscheiden sind, ja daß auch das konventionell als „Parasitismus“ verstandene, vermeintlich einheitliche Phänomen aus mehr oder weniger verschiedenen Erscheinungen besteht, die zu trennen sind (Parasitismus und Parasitoidismus; Temporärparasitismus). Der echte Parasitismus stellt sich damit als besondere Qualität eines verschiedenartlichen Körper-Kontakt-Verhältnisses dar.

Körper-Kontakt-Vergesellschaftungen (zu denen nur ein kleiner Teil des Temporärparasitismus und nur ein Teil der gemeinhin als „Symbiose“ bezeichneten Verhältnisse zu rechnen sind) spielen in der Natur eine große Rolle. Mindestens ein Fünftel aller bekannten Organismenarten lebt obligat als „Gastpartner“ (Konsorte) in Körper-Kontakt-Vergesellschaftungen. Rechnet man die „Wirte“ hinzu, so ergibt sich, daß jeder Organismus – sei es als Gast oder als Wirt – Partner einer Körper-Kontakt-Vergesellschaftung ist.

Körper-Kontakt-Vergesellschaftungen sind somit eine universelle Lebenserscheinung, z. T. beinahe ebenso alt wie das Leben, z. T. noch heute von verschiedenen Organisationsstufen des Lebens her neu entstehend. Der Anteil des echten Parasitismus und des diesem nahestehenden Parasitoidismus ist hoch, er umfaßt nach der Artenzahl der Gastpartner weit über die Hälfte dieser Verhältnisse.

Während der Parasitoidismus (wie die Prädation) direkt auf den Naturhaushalt einwirkt, ergeben sich beim echten Parasitismus komplizierte, mehr oder weniger indirekte biozönotische Beeinflussungen. Zwar sind nicht alle echten Parasiten Krankheitserreger, aber fast alle Erreger von Infektions- und Infestationskrankheiten bei Mensch, Tier und Pflanze sind Parasiten. Viele Parasiten sind Schädlinge an pflanzlichen Kulturen. Der Parasitismus ist daher nicht nur ein bedeutungsvolles Studienfeld für die Erforschung ökophysiologischer und evolutionistischer Wechselbeziehungen zwischen Organismen, sondern hat auch ungeheure praktische Bedeutung für die menschliche Gesellschaft. Durch Parasiten wird auch heute noch die menschliche Gesundheit stark beeinträchtigt (vor allem durch Viren, Bakterien, Protozoen, Helminthen, Pilze), es entstehen unermeßliche Schäden in Tier- (durch Viren, Helminthen, Bakterien, Protozoen, Arthropoden) und Pflanzenproduktion (hauptsächlich durch Viren, Pilze, Helminthen und Arthropoden).

Der biologische Begriff des Parasiten schält sich erst seit dem 18. Jahrhundert heraus (erste Definitionen aus dem 17. und 18. Jahrhundert; botanischer Gebrauch für auf anderen Pflanzen lebende Pflanzen schon durch Brown 1646). Die zunächst nur räumliche botanische Anwendung wird durch eine Nahrungskomponente ergänzt: Chambers (1727—41) bezeichnete als Parasiten „eine Art kleiner Pflanzen, die auf Bäumen wachsen, und wegen ihrer Lebens- und Ernährungsweise, die ganz und gar an andere gebunden ist, so genannt werden". 1835 schrieb Henslow: „Bestimmte Pflanzen ... erhalten ihre Nahrung unmittelbar aus anderen Pflanzen, an denen sie sich befestigen, und deren Säfte sie absorbieren. Solche Pflanzen sind echte ‚Parasiten'". 1799 definierte Hooper parasitische Tiere als solche, „die ihre Nahrung in den Körpern anderer aufnehmen ..." Infolge ihrer Größe kannte man vielzellige Parasiten (einige höhere Pflanzen, Bandwürmer, Spulwürmer und Leberegel) eher als Bakterien oder gar Viren.

Es gab eine vorwiegend deskriptive und systematische Helminthologie, ehe mit experimentellen Arbeiten zur Lebensgeschichte vor allem von Helminthen die Parasitologie um die Mitte des vorigen Jh. auf dem Boden der Zoologie wie auch der Medizin entstand. In diese Zeit fallen die bekanntesten und lange Zeit einflußreichsten Definitionen des Parasitismus (Leuckart, Küchen-

MEISTER, VAN BENEDEN). Auf die Autorität LEUCKARTS ist zurückzuführen, daß in der Parasitismusdefinition die Komponente „Ernährung“ in den Vordergrund rückte, wobei die „Wohnung“ vernachlässigt wurde. Seine erste Definition (1852) lautete:

„Überall da, wo ein Thier zu klein und zu schwach und zu schlecht bewaffnet ist, um ein anderes, lebendiges Geschöpf, auf das es sich zur Nahrung angewiesen sieht, zu überwältigen und zu tödten, muß es sich damit begnügen, es zu plündern, von seinem Blut, Säften und Theilen zu schmarotzen“.

KÜCHENMEISTER (1855) formulierte umfassend:

„Parasiten oder Schmarotzer sind selbständige, organisierte, von eigenen thierischen oder vegetabilischen Aeltern abstammende Wesen, die eines zweiten, fremdartigen, thierischen oder vegetabilischen Organismus bedürfen, in oder an dem sie zeitweilig oder dauernd ihre Wohnung nehmen und von dem sie ebenso zeitweilig oder dauernd ihre Nahrung ziehen, um ihre Entwicklung oder ihr Gedeihen, oder endlich ihre Reproduction ermöglichen und vollführen zu können.“

Und schließlich — sehr allgemein — VAN BENEDEN (1869):

„Der Parasit muß auf Kosten eines anderen leben; der Kommensale ist einfach ein Tischgenosse“.

Wesentliche Kennzeichen dieser ersten Definitionen sind **Ernährung und Wohnung auf Kosten des Wirtsorganismus sowie einseitige Abhängigkeit vom Wirt.**

Es ergab sich, daß sich die „Parasitologie“ als Teilgebiet der Zoologie und (nach dem 1. Weltkrieg) der Veterinärmedizin selbständig weiterentwickelt hat. Ihr traditioneller Gegenstand sind tierische Parasiten in oder an Tieren (und Mensch): „Zooparasitologie“. Die parasitischen Bakterien wurden seit PASTEUR und KOCH in der Bakteriologie bzw. Mikrobiologie im Bereich von Medizin, Veterinärmedizin, Phytopathologie und Insektenpathologie behandelt, die Virologie entwickelte sich als eigene Disziplin in Verbindung mit oder als Teilgebiet der Mikrobiologie, in der meist auch die parasitischen Pilze mitbehandelt werden. Pflanzen und Tiere als Parasiten von Pflanzen fielen in die Phytopathologie, Tiere als Parasiten von Insekten teils in die Zooparasitologie, teils in die Insektenpathologie. So wurden „die Parasiten" durch die Entwicklung der Biowissenschaften auf verschiedene Bereiche aufgeteilt.

Da der Parasitismus ein allgemeines biologisches Phänomen ist, muß der Blick auf die gemeinsamen Aspekte und Gesetzmäßigkeiten gelenkt werden; andererseits gibt es dort stärkere Verschiedenheiten, wo die Zugehörigkeit von Parasiten zum Tierreich Gemeinsamkeiten im Parasitismus annehmen ließ, was dazu führte, einem „tierischen" Parasitismus den der Bakterien, Viren usw. gegenüberzustellen. Unsere Betrachtungen sollen den Begriff des Parasitismus integrieren wie auch differenzieren.

1.2. Problematik von Definition und Abgrenzung

Wechselbeziehungen zwischen verschiedenen Organismen (auf autökologischer sowie biozönologischer Ebene) fanden früh das Interesse der Biologen. Solche Wechselbeziehungen sind mehr oder weniger locker oder fest. Sie sind vom „Kampf ums Dasein" bestimmt, dem Beziehungen des Nachteils für einen (Antibiose) und des Gegeneinander (Antagonismus) wie auch des Vorteils für einen oder beide (Probiose, Karpose, Symbiose) sowie des Nebeneinander (Indifferenz, „Parabiose") dienen. Sie reichen autökologisch von Nichtgesellung zu Gesellung und in Form der Vergesellschaftung vom gelegentlichen Nebeneinander auf Distanz bis zu engeren Gast-Wirt-Beziehungen und deren höheren Formen des ständigen körperlichen Kontaktes und dort bis zu „intimer" Berührung und Verflechtung auf physiologischer, biochemischer bzw. molekularer Ebene.

Die Abgrenzung des Parasitismus von anderen interspezifischen Relationen ist manchmal objektiv schwierig, da es Grenzfälle gibt. Schwierigkeiten der Einordnung bestehen nicht nur infolge teilweise fließender Grenzen, sondern auch durch Kombinationen verschiedener Relationen, Biosysteme und Somatoxeniesysteme (z. B. bei Synechthrie; Synökie kann mit Temporärparasitismus kombiniert sein: Flöhe, Wanzen, desgl. Parökie: manche Dipteren). Außerdem enthält die Definition des Parasitismus subjektive Aspekte. Eine Ursache solcher Differenzen liegt darin, daß der Parasitismus zwar ein biologisches Phänomen ist, seine bekannteste Definition aber aus der Zoologie des 19. Jahrhunderts stammt (Leuckart), die sich hauptsächlich mit Metazoen befaßte. Weitere Ursachen für Differenzen ergeben sich durch vieldeutige Begriffsbestimmungen (z. B. bei Kommensalismus und Mutualismus); durch Veränderungen ursprünglich anders definierter Begriffe (z. B. bei „Symbiose" durch O. Hertwig 1906 und weitere Variationen dieses Begriffes durch andere); durch dem komplexen Wesen der Erscheinung nicht gerecht werdende Betrachtung; durch die Vielfalt der Formen des Parasitismus. Schließlich rühren subjektive Unterschiede von der Verschiedenheit der Gliederungsprinzipien für Beziehungen in der Ökologie und der Vermischung der Betrachtungsebenen (z. B. autökologisch-synökologisch) her.

Innerhalb der Biozönosen bzw. der ihnen über- oder untergeordneten Einheiten gibt es allgemeine Beziehungen zwischen den Organismenarten, die auf der Zugehörigkeit zu der betreffenden Lebensgemeinschaft beruhen. Neben indirekten Beziehungen (Stoff- und Energiekreisläufe) gibt es direkte Relationen (wie zwischen Pflanzenfressern und ihren Nahrungspflanzen). Weder die Biozönose an sich noch die Relationen sind schon Vergesellschaftungen, wenn auch manche Biozönosen (vor allem im pflanzlichen Bereich) schon Vergesellschaftungsformen ähneln. Vergesellschaftung bedarf unmittelbarer Annäherung mindestens der einen Partnerart an die andere und eines längeren Zusammenlebens. Vergesellschaftung ist nicht nur biozönologische Relation, sondern auch autökologische Gemeinschaft. Die biozönologischen Relationen gliedern sich in „Beziehungen ohne Vergesellschaftung" und „Gesellungen".

Die Räuber-Beute-Beziehungen, die Beziehungen der Phytophagen zu ihren Nahrungspflanzen sind noch keine Vergesellschaftungen, ebensowenig wie die Mehrzahl der als „Symbiose" (im weiteren Sinne) bezeichneten pro- oder symbiotischen Beziehungen bei der Bestäubung von Blüten zwischen höheren Pflanzen und Tieren. Relationen bestehen zwischen Arten (Populationen), Gesellungen zusätzlich zwischen zusammenlebenden Individuen. Ein echter Parasit hat einen Wirt, ein Räuber tötet viele Beutetiere.

Nicht alle Ökologen und Parasitologen betonen diese Unterschiede in der Gesamtgliederung heterospezifischer Verbindungen. In der ursprünglichen, alle Gast-Wirt-Beziehungen einschließenden Definition der Symbiose von De Bary (1879) war das Räubertum nicht enthalten. Entsprechend versteht Cheng (1967) unter Symbiose alle verschiedenartlichen Vergesellschaftungen, bei denen körperlicher Kontakt oder engste Nähe beider Partner besteht.

Auch Šul'c & Gvozdev (1970) setzen sich für eine Wiedergeburt der ursprünglichen Bedeutung von „Symbiose" ein. Der Begriff „Biosystem" (Tischler) trifft nicht das, was Cheng u. a. mit Symbiose meinen, da im Biosystem z. B. auch die Prädation eingeschlossen ist. Rimpau (1934) nannte die Forschungsrichtung Symbiosologie, die sich mit Symbiose im ursprünglichen Sinne befaßt. Für die leider mißverständliche „Symbiose" (im Chengschen Sinne, aber ohne „engste Nähe"-Parökie) scheint uns eine treffende Bezeichnung mit „Körper-Kontakt-Vergesellschaftung" (Somatoxenie)[1]) gegeben.

Es gibt Verbindungen und Übergänge zwischen Beziehungen ohne Gesellung und Vergesellschaftungen. In der Gesellung als engere Form der Relation wirken neben zusätzlichen (autökologischen und partiell-biozönologischen) Gesetzmäßigkeiten auch die für die (synökologischen) Beziehungen ohne Gesellung geltenden. Jede Vergesellschaftung ist auch Relation auf der Artebene, aber nicht umgekehrt. Die Gesellungen gliedern sich in solche ohne und solche mit körperlichem Kontakt, bei Vergesellschaftungen ohne längeren körperlichen Kontakt sind ahospitale und (meist) polyhospitale (selten schon monohospitale) Verhältnisse zu unterscheiden. Somatoxenie ist immer monohospital.

Eine Zwischenstufe zwischen „allgemeinen Beziehungen" und Vergesellschaftungen bildet die „Gesellung

---

[1]) Griech. soma = Körper, xenia = Gastfreundschaft, gastliche Aufnahme

überwiegend ohne oder ohne ständigen körperlichen Kontakt" oder Parökie im weiteren Sinne (Abb. 1). Man kann diese Verhältnisse als Gesellungen im weiteren Sinne zusammenfassen.

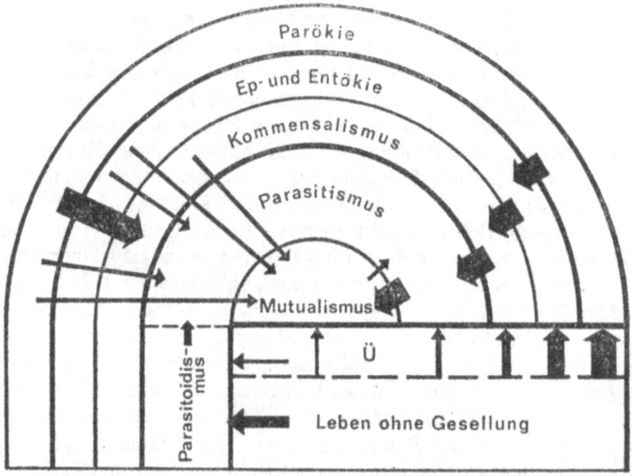

Abb. 1. Beziehungen und Übergangsmöglichkeiten zwischen den interspezifischen Vergesellschaftungsstufen; Ü Übergangsfeld zwischen freiem Leben und Vergesellschaftung (Original)

Beim Leben ohne Gesellung bestehen wichtige trophische Relationen (Zoophagie, Phytophagie, Polyphagie, Saprophagie). Besondere Nahrungsverbindungen zwischen lebenden Organismen sind z. B. Räubertum (Prädation; auch Episitismus), Beuteschmarotzertum, Diebstahl und Vorratsparasitismus. Vorratsparasitismus kann zu Gesellungen im weiteren Sinne führen.

Eine z. T. andere Einteilung ergibt sich nach Vor- und Nachteil (z. B. Hesse 1934, Schwerdtfeger 1963, Kühnelt 1965, Hiepe 1968, Šul'c & Gvozdev 1970 und viele andere). Dabei spielen Aspekte wie neutrales Verhalten, Förderung, Schädigung, Konkurrenz, Ausschluß und Antagonismus eine Rolle. Schon De Bary gliederte die „Symbiose" in antagonistische und mutualistische

Vergesellschaftungen. Das hat den Nachteil, daß dieser Charakter einer Relation in hohem Maße reversibel ist (phylogenetisch wie auch im individuellen Leben) und daß eine Entscheidung über Nützlichkeit oder Schädlichkeit für einen oder beide Partner nicht immer möglich ist. Auch bei unserer Gliederung (Abb. 1) gibt es Übergänge, aber eine Reversibilität ist nur selten gegeben, weil unsere Einteilung auf einer Entwicklung von niederen zu höheren, einfachen zu komplizierten, lockeren zu festen, rein somatischen zu makromolekularen und physiologischen Bindungen beruht – und vom Höheren gibt es meist kein Zurück. Es ist schwer vorstellbar, daß obligate echte Parasiten wieder zu Ep- oder Entöken oder Kommensalen (im Sinne unserer Gliederung) werden. Eine gewisse Reversibilität ist nur bei Systemen gleicher Ebene denkbar, wie es Parasitismus und Mutualismus als ökophysiologische Somatoxeniesysteme sind. Im allgemeinen ist dabei der Mutualismus die höhere Integrationsstufe, so daß Übergänge vom Parasitismus zum Mutualismus zahlreicher sind als umgekehrt. Wer den Schaden für den Wirt als Hauptkriterium des Parasiten ansieht, steht vor dem Dilemma, ein und dieselbe Art oder dasselbe Individuum fallweise als Parasiten oder als Karponten, Kommensalen o. ä. zu bestimmen. Bei einer Gliederung nach Vor- und Nachteil stehen Prädation und Parasitismus einander sehr nahe (der Parasit wird mit einem Räuber verglichen, der seine Beute nicht auf einmal bewältigen kann). Ein Übergangsfeld zwischen Räubern und Parasiten bilden einerseits die temporären (oder intermittierenden) „Parasiten" wie blutsaugende Dipteren, Blutegel, Vampirfledermäuse u. a., andererseits die Raubektoparasiten und Parasitoide. Man hat versucht, Prädation und Parasitismus in engste Nähe zu stellen, weil bestimmte evolutionsmäßige und populationsdynamische Übereinstimmungen (z. B. VOLTERRAsche Regeln, S. 133) bestünden. Hier liegt ein Trugschluß vor: Nur Prädation und Parasitoidismus wirken biozönologisch gleich direkt; echter Parasitismus (und der dem Räubertum nahestehende Temporärparasitismus) haben überwiegend indirekte biozönotische Auswirkungen. Evolutionistische und biozönologische Ähnlichkeiten wären allein auch nicht zur Charakterisierung von Relationen geeignet, sie sind zu allgemein. Sie bestehen evolutionistisch zwischen Organismen, die phylogenetisch aufeinander orientiert worden sind, sei es als Parasit und Wirt, sei es allgemein als Tier und Nahrung – in beiden Fällen werden die Ähnlichkeiten um so deutlicher, je enger die Spezialisierung ist. Echter Parasitismus ist weder allein trophisch oder biozönologisch noch evolutionistisch zu charakterisieren, sondern im Unterschied zu Räubertum und Temporärparasitismus zusätzlich als „Zusammenleben" bei intimem Kontakt. Insofern sind Ähnlichkeiten zwischen Räubern und Parasiten oft oberflächlich und formal.

Bei Gesellungen ohne körperlichen Kontakt sowie Somatoxenieverhältnissen niedriger Stufe gibt es einen großen Übergangsbereich zwischen lockerer und fester Gesellung. Autökologische Abhängigkeit ohne physiologische Verflechtung ist häufig fakultativ. Die ökophysiologischen Somatoxeniesysteme sind meist obligat.

1.3. Leben ohne Gesellung

1.3.1. Allgemeines

Es herrschen wichtige trophische Relationen zwischen verschiedenartigen Organismen, die jedoch nicht individuell zusammenleben. Von hier sind Übergänge zu Vergesellschaftungen einschließlich Somatoxenie möglich. Neben den indirekten Beziehungen der Stoff- und Energiekreisläufe gibt es direkte Relationen. Es treten polyhospitale Verhältnisse auf (Temporärparasitismus). Neben antibiotischen und antagonistischen Relationen verschiedenen Schärfegrades treffen wir pro- und symbiotische Beziehungen, andere, neutrale Beziehungen lassen keine Vor- oder Nachteile für die Partner erkennen. Nicht selten haben die Beziehungen pro- und antibiotischen Charakter. Auch nach der Betrachtungsweise können diese Beziehungen verschieden sein, bisweilen sind sie in ein und derselben Ebene veränderlich, ineinander umkehrbar und somit relativ. So sind die Räuber-Beute-Beziehungen für das Beuteindividuum immer antibiotisch, für die Beutepopulation oder -art können sie probiotisch sein (Auslese, Kontrolle der Wohndichte usw.). Probiotische Beziehungen können mutualistischen Charakter gewinnen; so ist die Herausbildung symbiotischer Bestäubungsbeziehungen denkbar, in denen antagonistische Züge auftreten können. Von hier sind Übergänge zu den Somatoxeniesystemen des Mutualismus, des Parasitismus und des Übergangsfeldes zwischen beiden möglich. Übergangsbereiche vom Leben ohne Gesellung zum Parasitismus sind auch von der Saprophagie und, viel seltener, von der Autotrophie her erkennbar. Verschiedene Beziehungen nicht vergesellschafteter Arten tragen kommensalistische, parasitäre oder mutualistische Züge, ohne daß sie mit dem Kommensalismus, Parasitismus oder Mutualismus zu identifizieren wären.

1.3.2. Räubertum und Temporärparasitismus

Temporärer (zeitweiliger), intermittierender (unterbrechender) oder (individuell-alternierend) polyhospitaler (vielwirtiger) „Parasitismus" ist zeitweiliges Aufsuchen eines Wirtes zur Nahrungsaufnahme, z. B. bei blutsaugenden Arthropoden (Mükken, manche Fliegen, Flöhe), bei manchen Blutegeln und Fledermäusen. Dieser Vorgang einer mehr oder weniger kurzen Nahrungsaufnahme am Wirt ist keine Somatoxenievergesellschaftung und infolgedessen kein echter Parasitismus. Autökologisch fehlt die Komponente „Wohnung" (Lebensraum 1. Ordnung eines echten Parasiten). Biozönologisch fehlt die topische Relation (S. 125). Die temporären Ektoparasiten sind freilebende Organismen. Ihre Lebensweise ähnelt der freilebender Räuber, wenn sie auch ihre Beute nicht ganz verzehren beziehungsweise töten. Die Temporärparasiten kommen meist mit vielen Wirten in kurze Berührung, während alle echten Parasiten mit einem einzigen Wirtsindividuum zusammenleben (zumindest während eines Lebensabschnitts). Der Temporärparasitismus ist daher ein eigenes Verhältnis, das von der graduellen Entwicklung des Parasitismus her eine unter vielen Vorstufen ist. Nach Noble & Noble (1964) kann man statt von intermittierendem Parasitismus ebenso von intermittierendem Räubertum sprechen. Cameron (1956) nennt die Temporärparasiten „Mikroprädatoren". Es gibt Übergänge zum echten stationären Parasitismus, indem bei manchen blutsaugenden Arthropoden die Phase der Nahrungsaufnahme am Wirt verlängert ist (z. B. bei Zecken). Viele waren bereit, den Parasitoidismus vom Parasitismus abzugrenzen, man tat dies aber beim temporären Ektoparasitismus nicht mit gleicher Konsequenz, obwohl es gerade hier angebracht ist. Vielleicht liegt es an der klassischen Gegenüberstellung der Eigenschaftspaare temporär-stationär und periodisch-permanent (S. 29—31) und daran, daß man für temporäre und stationäre Ektoparasiten den gemeinsamen Begriff Ektoparasitismus verwendet (vgl. Parasitendefinition von LEUCKART, S. 9). Da sämtliche intermittierenden Parasiten Ektoparasiten sind, scheint es nützlich, sie nur Temporärparasiten zu nennen und das Phänomen Temporärparasitismus.

Der Temporärparasitismus der Arthropoden und Hirudineen ist vorwiegend vom Räubertum her abzuleiten. Ob z. B. manche Blutegel als Räuber oder als Temporärparasiten aufzufassen sind, hängt oft von der Körpergröße ihrer Opfer ab. Hier ist der Temporärparasitismus oder der Raubektoparasitismus (S. 38) noch überwiegend Ernährungsweise, noch nicht Lebensweise. Das Gleiche gilt für die *Rhagionidae* (Schnepfenfliegen), die als Räuber auftreten, wenn sie kleine Insekten aussaugen, hingegen als Temporärparasiten, wenn sie an Säugetieren saugen. Die meisten Raubwanzen leben räuberisch und lassen damit die stammesgeschichtliche Entstehung des Blutsaugens der Triatominen an Wirbeltieren erkennen. In der Evolution bildeten sich zwischen Temporärparasiten und bestimmten Wirten gegenseitige Anpassungen heraus.

Das Verhältnis der Arthropoden (oder Säugetiere) zu den von ihnen angesaugten oder an- und abgefressenen Pflanzen ist z. T. Temporärparasitismus, wenn diese Bezeichnung dafür auch oft nicht verwendet wird. Andererseits handelt es sich z. T., wie beim Verhältnis des weidenden Viehs zum Gras, nur um eine Ernährungsweise, die in der nicht vollständigen Aufnahme bzw. dem Nichttöten der Nahrungsobjekte an Parasitismus und Temporärparasitismus erinnert. Andere Merkmale von Parasitismus und Temporärparasitismus fehlen dabei. Wo starke Spezialisierungen bei solcher Ernährungsweise vorliegen (Merkmal der Anpassung) spricht man z. T. auch bei Pflanzenschädlingen (die überdies oft auf ihren Wirtspflanzen leben) von Parasiten. Es ergäbe sich ein falscher Eindruck, wollte man die Problematik dieser Einordnung nur auf die Ebene traditioneller Benennungsweisen abschieben. Betrachtet man nur die äußeren Grenzen zwischen parasitärer und räuberischer Ernährungsweise, kommt es zu Verzerrungen. Ein Wirt-Parasit-Verhältnis besteht nicht zwischen Vieh und Futterpflanzen (Phytophagie), aber zwischen Phytonematoden und ihren Wirtspflanzen. Die Frage ist auch vom Wirt her zu stellen, ob er in einer tatsächlichen individuellen, artmäßigen und historischen Wechselbeziehung mit dem betreffenden Parasiten steht.

Periodischer Temporärparasitismus liegt vor, wenn nur bestimmte Stadien einer Art Temporärparasiten sind; permanenter Temporärparasitismus, wenn alle Stadien einer Art als Temporärparasiten leben.

1.4. Parökie

Parökie (im weiteren Sinne) ist Nachbarschaftsverhältnis, Gesellung überwiegend ohne körperlichen Kontakt. Ohne gemeinsamen Bezug zum Ernährungs- und Atmungsstoffwechsel, rein räumlich: Beieinandervorkommen bzw. lockeres oder regelmäßigeres Nebeneinanderaufhalten von zwei oder meist mehreren Organismen (z. B. Schlafgemeinschaften von Vögeln und Fledermäusen). Dies ist ein weniger klar umrissener Bereich. Die einfachste Form ist das Sich-Beieinander-Aufhalten ohne körperlichen Kontakt. Wir treffen es bei Tieren mit geringer oder ohne ständige Ortsveränderung (Parökie im engeren Sinne) oder zwischen Tier und Pflanze („Bevorzugung“). Mitbewohnen derselben Wohnstätten (Höhlen, Nester, Baue usw.) ist Synökie (Einmietung, „Zusammenwohnen“) (dieser Begriff wird auch in mehr oder weniger größerer Reichweite gebraucht, und andere bezeichnen das Zusammenwohnen als Entökie). Die Beziehungen sind meist neutral, probiotische und mutualistische Züge können auftreten. Im letztgenannten Fall liegt Allianz vor (Antilopen, Zebras und Strauße in einer Herde; Flußpferd und Putzerfische; Brutgesellschaften von Vögeln). Wander- und Fraßgemeinschaften von Insekten und Vögeln tragen z. T. bereits kommensalistische Züge. Es gibt auch Verschiebungen zu antibiotischer und antagonistischer Wirkung der Beziehungen. Antibiotisch ist die Synechthrie, die Einmietung von Räubern in Nestern sozialer Insekten, eine Koppelung von Synökie und Prädation. Die Symphilie (Verhältnis von Ameisen und Termiten mit synöken

Käfern bzw. anderen Erzeugern von als „Genußmittel" wirkenden Sekreten) gehört bereits in das Übergangsfeld zwischen Parökie und Kommensalismus, hier überwiegen meist kommensalistische Züge. Sie steht dort in engster Nähe des Brutparasitismus („Adoption": Kuckuck – Singvogel). Auch die „Sklavenhaltung" mancher Ameisen gehört hierher. Hier schließt sich der Sozialparasitismus eng an (Ausnutzung fremder Insektenvölker zur Aufzucht der eigenen Nachkommen).

Auch bei Brut- und Sozialparasitismus oder Synechthrie wird von Gast-Wirt-Beziehungen (hospitalen Verhältnissen) gesprochen, aber „Wirt" ist hier nicht ein Individuum, sondern eine Gruppe (Paar, Familie, Insektenstaat: simultaner Polyhospitalismus). Im Übergangsfeld zwischen Parökie und Temporärparasitismus liegt die Trophobiose (Wechselbeziehung zwischen Ameisen und Blattläusen oder anderen Honigtauerzeugern), die symbiotische und kommensalistische Züge trägt. Die Parökie zeigt also einen sehr breiten Übergangsbereich zum Kommensalismus. Dieser ist durch fakultativen Kommensalismus, vor allem aber durch kommensalistische Beziehungen ohne, oder ohne ständigen, körperlichen Kontakt gekennzeichnet. Hierher gehört das Verhältnis des Schakals zu Großkatzen, z. T. das Beuteschmarotzertum (Diebstahl der Beute) – soweit keine längere oder ständige körperliche Verbindung vorliegt.

1.5. Somatoxenie (Körper-Kontakt-Verhältnis)

Somatoxenie ist monohospitale, körperliche Gast-Wirt-Vergesellschaftung, Zusammenleben zweier verschiedenartiger Organismen bei körperlichem Kontakt. Die Bezeichnung „Gast-Wirt-Verhältnis" wird zwar der Mehrzahl dieser Erscheinungen gerecht, setzt aber voraus, daß der „Wirt" der „Träger" des anderen Partners ist; als solcher ist er größer als der Gast, oder er ist der ortsbeweglichere, der die Fortbewegung des Somatoxeniesystems bewerkstelligt. Bei Unbeweglichkeit beider ist die Entscheidung, welcher als Wirt aufzufassen ist, oft schwer beziehungsweise unmöglich, z. B. bei Flechten. Andererseits spricht man auch dort von Gast und Wirt, wo es sich nicht um Somatoxenie handelt (z. B. bei Einmietung in Wohnungen oder Völker; dort liegen überwiegend polyhospitale Verhältnisse vor).

1.5.1. Epökie, Entökie, Phoresie, Zoochorie

Diese niedrigsten Somatoxenieformen sind körperliche Verbindung und Zusammenleben auf räumlicher Basis, ohne direkte trophische Beziehungen. Epökie (Aufsiedlertum) ist bei festsitzenden Organismen häufig (z. B. bei sessilen Wassertieren und bei Pflanzenüberzügen auf Mollusken, Schildkröten, Wasserarthropoden). Die Epöken werden auch als Epizoen bzw. Epiphyten bezeichnet. Es sind besonders Protozoen, Coelenteraten, Bryozoen sowie Algen, Moose und Flechten. Phoresie ist eine zeitlich begrenzte, meist epöke Transportbeziehung. So werden bestimmte Nematodenlarven von Käfern transportiert. Der Gast heißt Phoret, der Wirt Phorent oder Transportwirt. Auch bei vielen Milben gibt es phoretische Stadien. Eng an die Phoresie schließt sich die Zoochorie an, die Verbreitung von pflanzlichen Fortpflanzungskörpern (Früchte, Samen, Sporen u. ä.) durch Tiere. Die ebenfalls zeitlich begrenzte Zoochorie kann mutualistische Züge tragen („Lockspeisen" bietende Früchte und Samen), sie kann von entökem oder epökem Typ sein. Entökie liegt bei der Ansiedlung in Körperhöhlen vor. So befinden sich manche Crustaceen in der Mantelhöhle von Mollusken; zur Nahrungsaufnahme wird der Wirt vorübergehend verlassen. Der Fisch *Fierasfer* hält sich unter anderem zum Schutz in Kloake und Wasserlunge von Seegurken auf. Bisweilen wird die Einmietung in Wohnstätten von Tieren Entökie genannt, die jedoch etwas anderes darstellt und hier als Synökie bezeichnet wird (sie ist ein Parökie- und kein Somatoxenieverhältnis). Epökie und Entökie bieten zahlreiche Übergangsmöglichkeiten zum Kommensalismus wie auch zum Parasitismus und Mutualismus (Abb. 1). Die Beziehungen sind meist probiotisch-neutral (die Ep- und Entöken genießen Vorteile wie Transport, Siedlungsfläche, Lebensraum, Schutz, Zuflucht und dergleichen), bisweilen symbiotisch. Eine Verschiebung zur Antibiose bzw. zum Antagonismus ist möglich, z. B. bei Massenentwicklung von Epöken.

1.5.2. Kommensalismus

Kommensalismus ist körperliche Verbindung und Zusammenleben auf räumlicher Basis unter Teilhaben des Gastes an der Nahrung des Wirtes (Tischgenossenschaft, Mitessertum). Dabei werden vom Wirt noch nicht aufgenommene und verarbeitete Nahrung bzw. Abfälle vom Kommensalen verbraucht. Beide Partner sind daher physiologisch voneinander unabhängig. Beispiele sind die Schiffshalter, kleine Fische, die sich von größeren transportieren lassen, von deren Nahrungsüberresten sie profitieren. Der Begriff Kommensalismus wird oft sehr breit angewendet, er schließt dann Beziehungen ein, die noch nicht auf der Stufe der Somatoxenie stehen; diese liegen in unserem Schema in dem breiten Übergangsfeld zwischen Parökie und Kommensalismus (Abb. 1).

Andere schließen Parökie sowie Epökie in den Kommensalismus ein (z. B. PAVLOVSKIJ 1959, ŠUL'C & GVOZDEV 1970). Dadurch geht der ursprüngliche von VAN BENEDEN auf die Teilhaberschaft an der Nahrung gegründete Charakter des Begriffes verloren. Kommensalismus ist in unserer Gliederung eine höhere Vergesellschaftungsstufe im Vergleich zu Parökie wie auch zu Epökie und Entökie. Teilhaberschaft an der Nahrung ist nicht gegeben, wenn die Gäste sich im Wirt von Abfallstoffen, Kot oder anderen Gastorganismen ernähren. Es handelt sich nicht um „Entokommensalen", sondern um sich räuberisch oder saprob ernährende Entöken, falls es keine Parasiten sind. Kommensalistische Systeme können evolutionsmäßig so gefestigt sein, daß die Partner aus ökologischen Gründen einzeln nicht oder nicht normal leben können. Vom Kommensalismus ergeben sich zahlreiche Übergänge zum Parasitismus wie auch zum Mutualismus. Im typischen Fall überwiegt der probiotische und symbiotische Charakter der Partnerbeziehungen. Häufig treten symbiotische Züge auf, die zu gegenseitiger ökologischer (aber nicht physiologischer) Abhängigkeit führen können. Es gibt bisweilen antibiotische Erscheinungen, wenn z. B. dem Wirt kaum noch ein Anteil an der Nahrung übrigbleibt. Das Verhältnis wird von einem durch Einwirkung verschiedener Faktoren beeinflußbaren Gleichgewicht bestimmt.

1.5.3. Mutualismus

Mutualismus im engeren Sinne ist Zusammenleben in körperlichem Kontakt auf Grundlage ökophysiologischer gegenseitiger Abhängigkeit, wechselseitige Stoffwechselabhängigkeit. Beide Partner können aus ökologischen und physiologischen Gründen nicht getrennt voneinander leben (bzw. normal leben). Meist betrifft dies in dieser Schärfe nur den Symbionten (den Gast), während der Wirt in irgendeiner Weise geschädigt wird, aber am Leben bleibt.

Dieser Begriff war ursprünglich (Van Beneden) weiter gefaßt, indem jedes „Gegenseitigkeitsverhältnis" (Symbiose im weiteren Sinne) darunter verstanden wurde. Die hier zugrunde gelegte engere Fassung geht auf Baer (1951), Smyth (1962), Cheng (1967), Šul'c & Gvozdev (1970) und andere zurück. Beispiele sind die „Endosymbiosen" zwischen Insekten und Mikroorganismen, die Symbiose zwischen Paarhufern und zellulosespaltenden Mikroorganismen. Bei endozellulärer Symbiose können die Endosymbionten durch den genetischen Mechanismus des Wirtes „vererbt" werden. Eine so weitgehende biochemische und genetische Integration von Wirt und Mutualist führt zur höchsten Koordinationsstufe verschiedenartiger Organismen, die Symbionten werden zu „Organellen" des Wirtes (Karakashian & Siegel 1956). Von solcher Stufe der gegenseitigen physiologischen Abhängigkeit führt kein Weg zum Parasitismus oder anderen Formen somatoxenen Zusammenlebens zurück. Der Mutualismus ist die höchste Form der Somatoxenie. Aber auch ein mutualistisches System beruht auf einem Gleichgewicht, so daß antibiotische oder antagonistische Züge auftreten können. Smyth und andere sehen im Mutualismus eine spezialisierte Form des Parasitismus, bei der einige Stoffwechselprodukte des Parasiten für den Wirt von Nutzen sind. Einige bezeichnen den Mutualismus als wechselseitigen und in Schach gehaltenen bzw. gesteuerten Parasitismus, bei dem normalerweise die gegenseitigen Vorteile größer seien als die gegenseitigen Nachteile (z. B. Hawker u. a.). Mutualismus und Parasitismus gelten als nahe verwandte Seiten ein und derselben Erscheinung. Diese Auffassung blieb nicht ohne Widerspruch. Piekarski (in Büchner u. a.) und Hiepe (1968) betonten das Trennende zwischen Parasitismus und Mutualismus, indem sie die Parasiten als pathogen und den Parasitismus als antagonistisches System mit labilem Gleichgewicht, die Symbiose im engeren Sinne als mutualistisches System mit stabilem Gleichgewicht charakterisierten. Indessen sind Stabilität oder Labilität dieser Gleichgewichte auch eine Frage des phylogenetischen Alters der betreffenden Systeme. Auch stammesgeschichtlich alte Parasit-Wirt-Systeme zeichnen sich im allgemeinen durch große Stabilität aus.

Parasitismus und Mutualismus unterscheiden sich; sie haben aber die Stoffwechselabhängigkeit als gemeinsames Hauptmerkmal, das sie qualitativ über alle übrigen Somatoxenieverhältnisse erhebt. Die Partner eines mutualistischen Systems werden Wirt und Symbiont (im engeren Sinne) oder Mutualist genannt — oder beide Mutualisten, wenn eine Bestimmung von Wirt und Gast nicht möglich ist.

1.5.4. Parasitismus

Parasitismus (Schmarotzertum) ist einseitige ökophysiologische Abhängigkeit des Gastes vom Wirt; der obligate Parasit kann ohne Wirt nicht leben. Der echte (Stationär-) Parasitismus ist ein autökologisch-physiologisches System, eine intime räumlich-körperlich-zeitliche und nutritive (Stoffwechsel-) Verflechtung des Parasiten mit dem Wirtsorganismus (der Wirt stellt „Wohnung“ und „Nahrung“; dies wurde schon vor Mitte des vorigen Jahrhunderts klar definiert). Die raumzeitliche Komponente ist für den (autökologisch-physiologischen) Systemcharakter des Parasitismus unabdinglich. Nur oder überwiegend nutritive Abhängigkeit des Gastes kennzeichnet Verhältnisse, die kein oder noch kein echter Parasitismus sind (z. B. Temporärparasitismus), ebenso wie das Fehlen der nutritiven Komponente ein anderes Verhältnis ergibt. Unter nutritiver Komponente versteht man heute einen Komplex verschiedener metabolischer Abhängigkeiten. Man hat z. T. kritisiert, daß „Wohnung“ und „Ernährung“ nur äußere Grenzen des Parasitismus umreißen; dies ist nur insofern richtig, als beide Kriterien nicht einzeln, sondern nur in ihrer Integration zu verstehen sind. Die Verbindung beider Einzelkriterien hat Systemcharakter und zeigt bedeutend mehr als „äußere Grenzen“. Ein echtes „inhaltliches“ Merkmal bildet die einseitige Abhängigkeit des Parasiten (in bezug auf das genannte System von Hauptkriterien) vom Wirt (bei obligatem Parasitismus).

DE BARY interpretierte Parasitismus als antagonistische Symbiose, womit die antagonistische Auseinandersetzung als autökologisches Merkmal des Parasitismus eingeführt wurde. Viele sehen darin das Hauptkriterium, das „Wesen“ des Parasitismus. Der Antagonismus kann aber sehr verschiedene Schärfegrade zeigen, er kann von „Null“ (beiderseitige Indifferenz) ansteigen und an seiner Stelle können sich anti- und probiotische Züge entwickeln. Eine Verabsolutierung dieses Prinzips ist nicht möglich. Bei echtem Antagonismus bemüht sich nämlich jeder Partner, den anderen zu vernichten. Nach CAULLERY (1922) ist Parasitismus jedoch die normale und zwangsläufige Lebensweise eines Organismus, der sich auf Kosten eines anderen ernährt, ohne ihn zu töten. Damit wurde ein wesentliches Merkmal des echten Parasitismus hervorgehoben, dessen sich auch ältere Parasitologen wie z. B. VAN BENEDEN bewußt waren. Es liefert den Schlüssel zur Abgrenzung des Parasitoidismus vom echten Parasitismus. Damit hängt die Erkenntnis vom Gleichgewicht im Wirt-Parasit-System zusammen, das ebenfalls als Merkmal des Parasitismus herangezogen wird (z. B. BAER 1951). CHOLODKOVSKIJ (1914) verknüpfte den Parasiten mit dem Begriff der Pathogenität und führte den Aspekt des Schadens für den Wirt in die Definition des Parasitismus ein. LINCICOME (in CHENG 1971) macht in einer neuen Hypothese auf die grundlegenden nützlichen (biochemischen) Seiten des Parasitismus für das Wirtsindividuum aufmerksam. SPRENT

(1963) sieht ein Hauptkriterium des Parasitismus in der Fähigkeit des Wirtes, den Parasiten immunologisch als etwas ihm Fremdes zu erkennen. PAVLOVSKIJ (1935) arbeitete die Rolle des Wirtes als Lebensraum des Parasiten heraus; der Parasit hat 2 Lebensräume: einen 1. Ordnung (den Wirt) und einen 2. Ordnung (die Außenwelt). Entsprechend heißt es in der allgemein gehaltenen Definition bei DOGIEL (1963):

„Parasiten sind solche Organismen, denen andere lebende Organismen als Lebensraum und Nahrungsquelle dienen, wobei sie die Aufgabe der Regulation ihrer Wechselbeziehungen mit der sie umgebenden Außenwelt (teilweise oder ganz) auf ihre Wirte übertragen."

R. HERTWIG (1916) schrieb:

„Unter Parasiten verstehen wir Tiere, welche auf oder in anderen Tieren, den Wohntieren oder Wirten, resp. Pflanzen Wohnung und Nahrung finden, *welche dadurch in ein Abhängigkeitsverhältnis zu diesen getreten sind und mehr oder minder eingreifende Veränderungen ihrer Organisation erfahren haben. Das Maß, in welchem ein Parasit von seinem Wirt abhängig geworden ist, hängt davon ab, inwieweit der Parasit sich in seiner Organisation seinem Wirt angepaßt hat*" (von mir hervorgehoben, K. O.).

Damit verwendet R. HERTWIG bereits den evolutionistischen Aspekt zur Kennzeichnung des Parasitismus, der z. B. von MICHAIŁOW (1968) und EICHLER (in „Vorträge ...") hervorgehoben wird.

Neuerdings wird der kybernetische Aspekt des Parasitismus betont (LOGAČEV 1970, EICHLER in „Vorträge ..."). Ansatzpunkte bieten sich auf 3 Ebenen: im individuellen Gleichgewicht im Wirt-Parasit-System (autökologisch), auf der Populations- und Artebene im Bereich der Ökosysteme (synökologisch), in der phylogenetischen Wechselwirkung (evolutionistisch).
EICHLER sagt:

„Der Parasitismus ist seinem Wesen nach ein kybernetisches System zwischen Wirt und Parasit, welches den Parasiten durch Rückkopplung von seiten des Wirtes im Zuge der Evolution immer stärker auf den Wirt orientiert."

Logačev kennzeichnet die Wechselbeziehungen zwischen Parasit und Wirt als wechselseitige Rückkopplung.

Zusammenfassend läßt sich feststellen, daß die historische Basis der Parasitismusdefinition „Nahrung“, „Wohnung“ und „Abhängigkeit“ ist, d. h. die Eigenschaft des Wirtes als obligater Lebensraum und Nahrungsquelle. Modifizierungen bzw. Ergänzungen, z. T. auch Präzisierungen dieser Grundelemente sind:

Wohnung → Zusammenleben und Wechselwirkung, Lebensraum 1. Ordnung, Außenwelt als Lebensraum 2. Ordnung, Regulation der Beziehungen zur Außenwelt durch den Wirt, ökologische Abhängigkeit – ergeben sich aus der Tatsache, daß der Parasit einen Wirt hat.

Nahrung → physiologische (Stoffwechsel-)Abhängigkeit.

Gleichgewicht → Nichttötung des Wirtes; antagonistischer, immunologischer, parasitozönotischer und kybernetischer Aspekt.

Antagonismus/Antibiose → Aspekte des Schadens für den Wirt und der Pathogenität des Parasiten, kämpferische Auseinandersetzung zwischen Parasit und Wirt, immunologischer Aspekt.

Angepaßtsein → evolutionistischer und kybernetischer Aspekt.

Es kann nicht bezweifelt werden, daß es sowohl pathopotente als auch stets (zumindest für bestimmte Wirte) pathogene Parasiten gibt. Ebenso ist nicht widerlegbar, daß man das Wesen des Parasitismus auch in der einseitigen ökophysiologischen Abhängigkeit vom Wirt sehen kann, ohne daß damit eine Verwischung der Grenzen zu Mutualismus, Kommensalismus usw. verbunden ist (wie Šul'c & Gvozdev befürchten).

Es ergibt sich daher:

Der Parasitismus als biologisches Phänomen ist definierbar, auch wenn es gegensätzliche Interpretationen gibt. Diese sehen den Parasitismus aus verschiedenem Blickwinkel (und in verschiedenen Betrachtungsebenen), ihre Synthese kommt der Wahrheit am nächsten, da ein einziges Prinzip für die Kennzeichnung der komplexen Erscheinung des Parasitismus nicht ausreicht.

Echter obligater Parasitismus ist historisch entstandenes, einseitiges ökophysiologisches Angewiesensein auf einen andersartigen, lebenden, im allg. größeren Wirtsorganismus, aus oder durch dessen Körper (= auf dessen Kosten, zu dessen Lasten) lebensnotwendige Bedürfnisse befriedigt werden, der als Lebensraum dient und der dabei im Normalfall nicht getötet wird. Bei dieser Umschreibung der Schädlichkeit und der Schädigung entfällt die Abgrenzung harmloser Parasiten als „Entokommensalen", die ja auch an ihren Wirt angepaßt und auf ihn angewiesen sind.

Es gibt apathogene und pathogene Parasitenarten (unabhängig von der jeweiligen Virulenz pathogener Arten). Parasitismus ist daher nicht immer eine pathobiologische Erscheinung. Pathogenismus stellt die höchste Schadstufe des Parasitismus dar. Die niedrigste Einwirkungsstufe ist dort, wo ein Schaden für den Wirt nicht (oder mit heutigen Methoden noch nicht) nachgewiesen werden kann.

2. Formen und Stufen des Parasitismus

2.1. Äußere Formen

Grundformen sind fakultativer und obligatorischer Parasitismus. Der fakultative Parasit kann, der obligate muß parasitisch leben. Beim fakultativen Parasitismus entfällt die Abhängigkeit und großenteils auch die Anpassung. Obligater Parasitismus ist gegenüber dem fakultativen eine höhere Stufe. Beim fakultativen Parasitismus gibt es verschiedene Grade, die aufsteigend zum obligaten Parasitismus führen. Beispiele liefern vor allem die parasitischen Pilze und einige Bakterien. Viele Pilze können saprophytisch wie auch parasitisch leben. Manche leben überwiegend saprophytisch und nur gelegentlich bzw. unter bestimmten Bedingungen parasitisch (zufälliger oder akzidenteller Parasitismus), viele leben vorwiegend parasitisch und nur gezwungenermaßen, als „Überbrückung", saprophytisch. Letztgenannte bilden oft nur als Parasiten ihre Hauptfruchtformen, während sie sich als Saprophyten nur durch Nebenfruchtformen vermehren. Sie sind eher fakultative Saprophyten.

Weitere Grundformen sind Ektoparasitismus (Außenschmarotzertum) und Entoparasitismus (auch Endoparasitismus; Binnenschmarotzertum). Beide Formen sind von ihrer Entstehung her meist verschieden. Während verschiedentlich Ektoparasiten in der Evolution zu Entoparasiten werden können, ist der umgekehrte Weg kaum denkbar. Man kann Ekto- und Entoparasitismus bei Pflanzen und Tieren unterscheiden. Oft führt der Ektoparasitismus in oberflächliche Körperhöhlen, besonders, wenn sie in enger Verbindung zur Außenwelt stehen (Mundhöhlen, Kiemenräume, Atemhöhlen, Augenlider usw.). Hier ist bisweilen die Unterscheidung zwischen Ekto- und Entoparasiten schwierig. Ein wesentlicher Unterschied zwischen Ekto- und Entoparasitismus besteht im umgebenden Medium. Der Entoparasit lebt völlig im Innern des Wirtes und kommuniziert mit der Außenwelt nur über den Wirt; beim Ektoparasiten ist dies in verschiedenem Grade nur teilweise der Fall. Ektoparasiten sind in ihrem Atmungsstoffwechsel meist an dasselbe Medium gebunden wie der Wirt, sie sind entsprechend Wasser- oder Luftorganismen. Bezüglich der unmittelbaren Einwirkung des äußeren Mediums bestehen beträchtliche graduelle Unterschiede, z. B. nach dem Sitz auf dem Wirt (so ermöglicht ein Sitz auf der Haut eines Fisches einen unmittelbareren Kontakt mit der Außenwelt als ein Sitz am Grunde eines Säugetierpelzes oder eines Vogelgefieders). Ektoparasiten sind fast immer homoxen (einige ektoparasitische Isopoden haben 2-Wirte-Zyklen, bei Zecken gibt es 2- oder 3-Wirte-Zyklen).

Der Parasitismus ist in seiner jeweiligen Erscheinungsform immer auf ein bestimmtes Stadium der Parasiten (bei Vielzellern) oder auf bestimmte Formen bezogen, also z. B. auf den Adultus oder auf eine Larve. Leben alle Stadien, Formen oder Individuen einer Art als Schmarotzer, so spricht man von permanentem, sind nicht alle Formen parasitisch, von periodischem Parasitismus. Oft erweitert man den

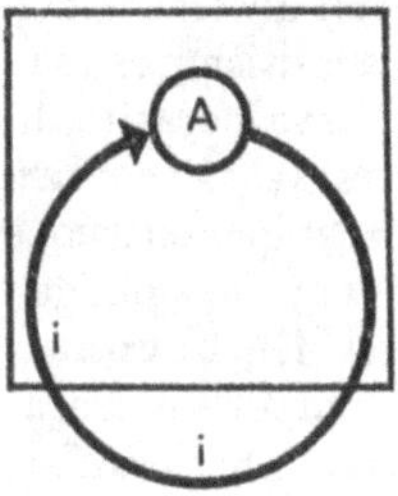

2*A*

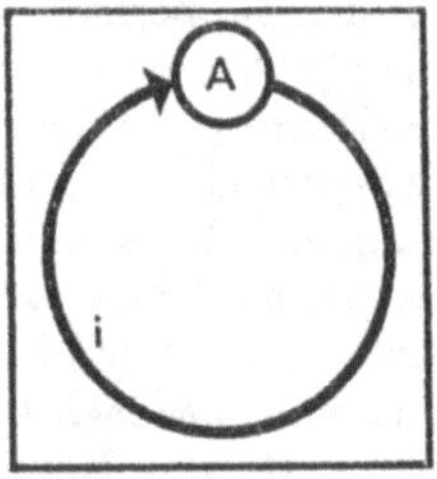

2*B*

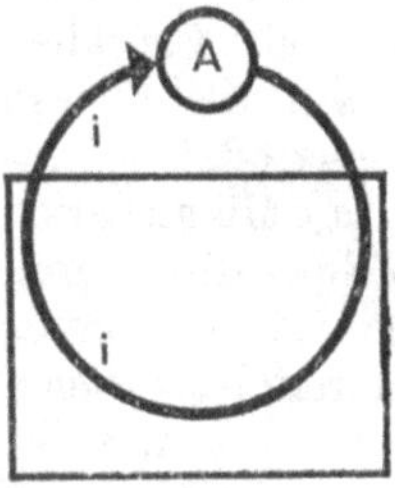

2*C*

Abb. 2. Vermehrungsreifes Parasitenstadium (A), Wirt = Rechteck, Individualentwicklung = i; *A*: partimal-imaginalparasitisch, permanent oder periodisch; *B*: sempiternal, absolut-permanent; *C*: partimal-larvalparasitisch, periodisch (Original)

Begriff des permanenten Parasitismus dadurch, daß Eier, Larven, Sporen oder andere Verbreitungsformen in der Außenwelt, die nicht zur Nahrungsaufnahme befähigt oder „inaktiv" sind, ausgeklammert werden. Es gäbe demnach 2 verschiedene Grade von permanentem Parasitismus. Die Begriffe permanent und periodisch sagen nichts darüber, ob ein Parasit zu seiner Entwicklung, Vermehrung oder Übertragung eine Außenweltphase benötigt oder nicht. SKRJABIN & ŠUL'C (1940) führten die

Begriffe der partimalen und sempiternalen Parasiten ein. Sie sind eine wichtige Ergänzung zu dem Begriffspaar permanent-periodisch. Partimale Parasiten durchlaufen einen Entwicklungsabschnitt in der Außenwelt (oder vermehren sich dort) (Abb. 2). Bei metazoischen Parasiten kann man dabei Arten mit Embryonal- oder Larvalentwicklung in der Außenwelt (Imaginalparasitismus: viele Helminthen) von solchen mit Imaginalperiode in der Außenwelt unterscheiden (transitorischer oder protelischer Parasitismus: larvalparasitische Helminthen und larvalparasitoidische bzw. -parasitische Insekten und Krebse, Glochidien der Unioniden). Imaginal- wie auch Larvalparasitismus liegt bei permanentem Parasitismus vor; bei einigen Hymenopterenarten wird ein besonderer Embryonalparasitismus beobachtet. Typische partimale Parasiten sind z. B. die Nematoden *Ascaris*, *Dictyocaulus*, *Ancylostoma*, die meisten Trematoden und Cestoden (diejenigen, deren Embryogenese außerhalb des Endwirtes abläuft oder zum Abschluß kommt), viele Coccidien (Sporogonie in der Oocyste nach Verlassen des Wirtes). Sempiternale Parasiten sind die Nematoden *Trichinella*, *Wuchereria*, *Brugia* u. a. Filariata mit Mikrofilarien als Verbreitungsformen und die Haemosporidier, deren Lebenszyklus vollständig in Wirtsorganismen abläuft, sowie Trematoden wie *Schistosoma*, die Viren, Rickettsien und parasitischen Spirochäten, bei denen keinerlei Entwicklung oder Vermehrung in der Außenwelt vor sich geht (Abb. 2).

Permanenter und sempiternaler Parasitismus stellen gegenüber dem periodischen und partimalen höhere Stufen dar. Parasiten ohne Lebensabschnitt in der Außenwelt, die höchste Stufe der permanenten Parasiten, hat man als absolute (gemeint ist „absolut-permanente") Parasiten bezeichnet (Abb. 2).

Die Gegenüberstellung permanent/periodisch ist vor allem beim Temporärparasitismus sinnvoll. Bei Stationärparasiten wird sie inkonsequent angewandt:

ohne Außenweltphase „absolut-permanent“	mit Außenweltphase		
sempiternal	ohne Entwicklung	mit Entwicklung partimal	
„permanent“	passiv oder aktiv	passiv	periodisch aktiv
Nahrungsaufnahme	keine Nahrungsaufnahme		Nahrungsaufnahme

Auch die Begriffe sempiternal/partimal erfassen noch nicht alle Möglichkeiten. In der Helminthologie unterscheidet man nach SKRJABIN & ŠUL'C (1931) Biohelminthen (heteroxene Helminthen) und Geohelminthen (homoxene Helminthen: Invasion von der Außenwelt her). KISIELEWSKA (1970) stellte Unterschiede innerhalb der Geohelminthen fest. Sie trennt „eigentliche Geohelminthen“ (Außenweltphase ist beweglich und nimmt Nahrung auf) von „Pseudogeohelminthen“ (Außenweltphase ohne Nahrungsaufnahme und Bewegung, aber mit Entwicklung) und „Ageohelminthen“ (Außenweltphase nur im Mikroklima der Wirtsoberfläche lebens- und invasionsfähig: Kontakt- und Autoinvasion).

Formen des Parasitismus sind weiter durch die Zugehörigkeit der Wirte zum Pflanzen- oder Tierreich (dort zu Wirbellosen oder Wirbeltieren) sowie zu den Protisten gegeben: Pflanzen- und Tierparasiten.

Die Bezeichnungen „Zooparasiten“ und „Phytoparasiten“ werden nicht einheitlich gebraucht; mit Zooparasiten können alle tierischen Schmarotzer gemeint sein, oder alle bei Tieren lebenden Parasiten, oder nur tierische Parasiten bei Tieren (einschließlich Mensch).

Pflanzenparasitismus. Außer Organ- bzw. Gewebeparasiten (Wurzel-, Blatt-, Blüten- und Fruchtparasiten) und Zellparasiten, denen ähnliche Grundformen bei Tierparasiten entsprechen, unterscheidet die Phytopathologie besondere Ernährungsformen von Pflanzenparasiten. Biotrophe Parasiten ernähren sich aus lebenden Zellen; perthotrophe bringen zunächst die betroffenen Wirtszellen und -gewebe zum Absterben, ehe sie sich von dem abgetöteten Material ernähren („Perthophyten"); thryptotrophe schwächen die umgebenden Wirtsgewebe, um im Wirt weiter vordringen zu können; mesotrophe (wie die Mistel) können Kohlenhydrate und Eiweiße selbst synthetisieren, sie ziehen nur Wasser und Nährsalze aus ihrer Wirtspflanze.

Tierparasitismus. Bei den Tierentoparasiten gibt es nach der Anpassung an bestimmte Ansiedlungsorte verschiedene Stufen des Parasitismus: Darmschmarotzer (Entero- oder Intestinalparasiten), Parasiten in Körperhöhlen und inneren Organen, Gewebe- und Blutparasiten, Zell- und Zellkernparasiten. Der mesotrophen Ernährung mancher Pflanzenparasiten („Hemiparasiten") ähnelt der Inquilinismus bei Tierparasiten (partielle Ernährung auf Kosten des Wirtes: Ein anderer Teil der Nahrung wird ständig oder fallweise aus anderen Quellen bezogen, z. B. Mitbewohner des Wirtes).

2.2. *Stationärparasitismus als eigentlicher Parasitismus*

Echtes Schmarotzertum ist allein der stationäre (längere Zeit andauernde, im typischen Falle das ganze Leben eines Individuums oder einen fest umrissenen Lebensabschnitt des Parasiten kennzeichnende) Parasitismus, der im Regelfall nicht zum Tode des Wirtes führt. Nur hier sind alle zur Definition des Parasitismus gehörenden Merkmale vereint: enges und intimes Zusammenleben mit einem Wirtsindividuum, das dadurch normalerweise nicht getötet wird, Ernährung im typischen Fall auf Kosten lebender Bestandteile oder assimilierter Nahrungsbestandteile des Wirtes usw. Nur beim Stationärparasitismus ist das charakteristische individuelle Einpendeln des ökophysiologischen Gleichgewichts zwischen Parasit und Wirtsorganismus (S. 106) möglich, jenes Mechanismus, der den Antagonismus zwischen Parasit und Wirt so reguliert, daß im Normalfall beide Partner des Systems koexistieren. Nur vom Stationärparasitismus ist ein Übergang zum Mutualismus denkbar.

Die physiologische oder Stoffwechselabhängigkeit bietet Möglichkeiten einer Einstufung der Parasiten nach dem Grade ihrer metabolischen Ansprüche an den Wirt. Bei Tieren und Pflanzen kann die Nahrung aus meist lebender Körpersubstanz (Zellbestandteile, Zellen, Gewebe, Blut, Milchsaft u. ä.) bestehen. Dabei gibt es keine tiefgreifenden Unterschiede zwischen tierischen und pflanzlichen Wirten. Bei Pflanzen können auch nur die Wasser mit Nährsalzen führenden Leitungen (Xylem) angezapft werden (Mistel). In der Botanik heißen solche Parasiten Halbschmarotzer (Hemiparasiten). Sie ernähren sich einerseits autotroph (Photosynthese), andererseits heterotroph (Mesotrophie). Die Wirtspflanze hat Wasser und Mineralsalze bereits in ihren Organismus aufgenommen, aber noch nicht in ihren Stoffwechsel einbezogen. Einen z. T. anderen Charakter hat der Inquilinismus bei Tieren. Inquilinen sind solche Gäste, die wahlweise entök oder parasitisch leben.

So kann der Fisch bei der intermittierend-entöken Vergesellschaftung *Fierasfer*-Holothurie sich teilweise von Geweben der Seegurke ernähren, neben seiner Nahrungssuche außerhalb des Wirtes (in dem intermittierenden Entökie-Verhältnis können parasitäre Züge auftreten). Der Mesotrophie von Pflanzenparasiten ähnlicher sind Fälle, in denen (meist einzellige) Tierparasiten einen Teil ihres Nahrungsbedarfs z. B. räuberisch durch Verzehren anderer Gäste decken und an den Wirt nur bestimmte metabolische Ansprüche stellen.

Beim Parasitismus in Tieren, vornehmlich Wirbeltieren, ist es ein qualitativer Unterschied, ob der Parasit Körpersubstanz, Sekretionen oder bereits resorbierte Nahrungsbestandteile aufnimmt, oder ob er sich im Darmtrakt ernährt ohne die Gewebe anzufressen oder anzuzapfen. Dort wieder ist es z. T. erheblich verschieden, ob im Mundhöhlenbereich nur an mechanisch zerkleinerter Nahrung partizipiert wird oder ob biochemisch zerlegte

Nahrungsbestandteile (meist zuzüglich Sekretionen) im Dünndarm „entwendet" werden, oder ob im Enddarm eine saprobe Ernährung von Abfallstoffen oder eine räuberische Ernährung von anderen Darmbewohnern erfolgt. Dabei liegen in verschiedener Hinsicht Gradationen des Parasitismus vor. Bei isolierter Betrachtung des Kriteriums „Nahrung" ergibt sich ein lückenloser Übergang vom Kommensalismus (als dessen Grenze wir die Mundöffnung des Wirtes festlegen) zu den geschilderten Ernährungsverhältnissen im Darmtrakt.

Man hat versucht, eine Abstufung zu erreichen, indem man ein „Teilhaben am Überfluß" der Nahrung des Wirtes sowie an Nahrungsresten und Abfällen und die Jagd nach Mitbewohnern als („Ento-")Kommensalismus, die Entnahme „wichtiger" Bestandteile unter Schädigung des Wirtes durch Nahrungsentzug als Parasitismus klassifizierte. Dies ist aber bereits im eindeutig kommensalistischen Bereich vor der Mundöffnung schwierig, denn bei Verschiebung des „Gleichgewichts" können erhebliche Schädigungen des Wirtes durch Kommensalen erfolgen. Auch der Begriff „Überfluß" ist relativ: Ein einzelner kleiner Bandwurm vermag einem großen Wirt keine fühlbaren Abstriche am Nahrungsbrei zu machen (eigentlicher „Nahrungsentzug" durch Parasiten fällt überhaupt nicht ins Gewicht; Parasitismus kann außerdem nicht von der Zahl der Parasiten abhängig gemacht werden, aber oft die Schädigung des Wirtes!). Der Begriff des „Überflusses" ist in mehrfacher Hinsicht relativierbar. Er gehört auch nicht zur Definition des Kommensalismus vor der Mundöffnung. In schlechten Zeiten leidet der Wirt unter Nahrungsmangel; trotzdem „bestiehlt" ihn der Kommensale. Dasselbe gilt für den Parasiten im Dünndarmbereich. Die Einstufung nach Vor- und Nachteil ist also schwierig.

Einfacher scheint die Beurteilung der als Saprobionten (Abfallstoffe) oder Räuber im Darm (besonders Enddarm) lebenden Gäste (landläufig als Nichtparasiten betrachtet). Indessen darf das Kriterium „Ernährung" nicht isoliert und zu eng gesehen werden. Moškovskij (1946) definiert den Parasiten als Lebewesen, das einiger physiologischer Funktionen (die für ihn als Individuum und als Art lebensnotwendig sind) ermangelt, das diese Unzulänglichkeit durch die Integration seiner Funktionen (in manchen Fällen sogar seiner Strukturen) in die Funktionen des Wirtes ausgleicht, für den die Kooperation mit dem Parasiten nicht lebenswichtig ist. Diese physiologische Abhängigkeit des Parasiten wird auch von BAER (1951), SMYTH, LINCICOME (1963) und CHENG hervorgehoben. Nach SMYTH bedeutet Stoffwechselabhängigkeit nicht nur die Benötigung von Nahrungsstoffen, sondern auch von Enzymen sowie von Stimuli zur Entwicklung und Fortpflanzung und Kontrolle der Reifung. Diese Feinheiten sind schon aus der Definition von KÜCHENMEISTER (S. 9) herauszulesen. LINCICOME weist auf den Austausch von Substanzen zwischen Parasit und Wirt hin und betont die biochemische Grundlage des Parasitismus. Wie es mit der Stoffwechselabhängigkeit bei den fraglichen Gastorganismen im Enddarm aussieht, werden detaillierte biochemische Forschungen zeigen. Sicher ist, daß die Wirtsspezifität (S. 41) der echten Parasiten u. a. biochemisch verankert sein muß.

Meist sind mit „Abfall" Exkretionen des Wirtes gemeint. Dies sind z. B. vom Wirt nicht oder nicht mehr benötigte Nahrungsbestandteile (die sich noch im Wirtskörper, im Enddarm, befinden und zu einem bestimmten physiologischen, lebenden Milieu gehören). Hierher gehören aber auch vom Wirt ins Darmlumen sezernierte Aminosäuren. Vom Milieu abgesehen, sind diese Stoffe mit toten organischen Stoffen außerhalb des Wirtes vergleichbar, die Ernährungsweise wäre danach saprobiotisch. Sind diese Gäste deshalb keine Parasiten? Die Opaliniden des Anuren-Enddarms sind ein Beispiel für Abhängigkeit des Parasitenzyklus vom Hormonzyklus des Wirtes. Eine besondere Ernährung käme auch den Gästen zu, die nicht oder nicht mehr „lebende" Bestandteile des Wirtes fressen (Haare, Federn, Schuppen, äußere Sekretionen, Holz). Auch hier würde das Kriterium der Stoffwechselabhängigkeit entscheiden.

Nach dem Grade der Stoffwechselabhängigkeit können beliebige Stufen zwischen „Null" und „total" (SMYTH) unterschieden werden. Nach SMYTH besteht der Stimulus für die Reifung des Cestoden *Schistocephalus solidus* in der Versorgung mit Wärmeenergie durch den Wirt („Energieparasitismus"). Unterschiede in der Stoffwechselabhängigkeit bestehen z. B. darin, ob der Parasit dem Wirt nur Nahrungsstoffe entnimmt, in bezug auf die Verdauung jedoch autonom ist (z. B. die meisten Ektoparasiten), oder ob er auf Enzyme des Wirtes angewiesen ist und den Verdauungsmetabolismus des Wirtes ausnutzt (z. B. die darmlosen Cestoden, Acanthocephalen). Beim Atmungsstoffwechsel ergeben sich beträchtliche Abhängigkeitsunterschiede zwischen Ekto- und Entoparasiten. Die Abhängigkeit der Parasiten kann sich auf Stoffwechsel-Steuerungsmechanismen des Wirtes (z. B. Hormonsysteme) beziehen (Synchronisation der Reproduktionsperioden von Wirt und Parasit, z. B. bei *Polystoma*). Die Viren veranlassen ihre Wirtszellen durch Umstimmung von Enzymsynthese und Reduplikationsmechanismen zur Produktion von Virusbestandteilen („genetischer Parasitismus").

Die Beispiele zeigen, daß echter Parasitismus mehr ist als eine besondere Form des Räubertums oder der Ernährung.

2.3. Parasitoidismus

Parasitoide („Raubparasiten") töten ihren Wirt nach Ablauf einer bestimmten Zeit, die sie für ihre Vermehrung (Bakteriophagen) und/oder Entwicklung (Insekten, Helminthen) benötigen. Echte Parasiten wirken nicht direkt wie Parasitoide auf die Dynamik ihrer Wirtspopulationen ein. Der Parasitoidismus ist aber nicht nur eine trophische Relation, sondern auch topisch bestimmt und bedeutet eine Integration von Funktionen des Wirtes und des Parasitoids. Das Parasitoid ist nicht nur oder gar nicht in seiner Ernährung auf den Wirt angewiesen, sondern vor allem wegen seiner Entwicklung und Vermehrung. Dies stellt den Parasitoidismus in unmittelbare Nähe des Parasitismus. Beide Erscheinungen sind durch Übergänge verbunden. Parasitoidismus bedeutet nicht nur langsame Tötung einer Beute (etwa infolge bestimmter Proportionen in der Körpergröße von Räuber und Beute wie bei Blutegeln), sondern eine temporäre Koexistenz.

Permanenter Parasitoidismus. Die besondere Virengruppe der Bakteriophagen befällt Bakterien. Die Bakteriophagen werden in der Bakterienzelle vermehrt. Die Bakteriophagie verläuft oft letal und führt zur Lysis (Bakterienauflösung); sie kann später eine Veränderung bzw. Umwandlung der Bakterien in vorübergehend oder dauernd phagenfeste Stämme bewirken. Die Antigenstruktur der Bakterien kann sich dabei verändern. Die Bakterienlysis ist die höchste (parasitoidische) Form der Bakteriophagie. Sekundär phagenfeste (lysogene) Bakterienkulturen bleiben Phagenträger, ohne daß Schädigungen eintreten. Es wechselt also eine parasitoidische mit einer besonderen parasitischen „Lebensweise" nicht auf Basis der Individualentwicklung oder einer einfachen Generationsfolge, sondern im Rahmen einer „zyklischen Folge von Entwicklungskreisen" (S. 70). Bakteriophagen sind meist sogar typen- oder stammspezifisch. Im Naturhaushalt sind sie ein wichtiger Faktor, sie kontrollieren die Bakterienvermehrung (z. B. bei der Selbstreinigung von Gewässern). Lysierende Bakteriophagen wirken wie Prädatoren direkt biozönotisch auf die Wirtspopulationen ein (S. 134).

Periodischer Parasitoidismus (Larvalparasitoidismus) tritt bei einigen Metazoen auf, die als Larven meist in Wirtsinsekten leben. Im Laufe dieser Larvalentwicklung werden die Wirte allmählich meist von innen her aufgefressen. Periodische Parasitoide stellen die Helminthengruppen der Nematomorpha und der Mermithoidea (Nematoda) sowie vor allem Insekten (Hymenopteren: „Schlupfwespen", Dipteren: Tachinen). Die parasitoidischen Insektenweibchen legen ihre Eier (oder Larven) in oder an andere Insektenlarven (oder -eier, -Imagines, oder Spinnen). Die parasitoidischen Helminthen befallen aktiv als Invasionslarven hauptsächlich Insekten, aber auch andere Wirbellose.

Der periodische Parasitoidismus ist auch als Kombination zwischen Parasitismus (als Anfangsphase) und Prädation (Endphase) aufgefaßt worden (z. B. BAER).

Beim Parasitoidismus von Hymenopteren ist die Erscheinung des Hyperparasitoidismus häufig, die fakultativ wie auch obligat auftreten kann. Bei manchen Arten kommt, meist fakultativ, Hyperparasitoidismus 2. Grades (Sekundärhyperparasitoidismus) vor, in seltenen Fällen sogar Hyperparasitoidismus 3. Grades. Beim Gregärparasitoidismus belegt ein Parasitoidweibchen denselben Wirt mit mehreren Eiern, so daß mehrere gleich alte Parasitoide derselben Art vorliegen. Bei Solitärparasitoidismus wird der Wirt mit nur einem Ei belegt. Koparasitoidismus, zufälliges Zusammentreffen verschiedener Parasitoidarten in ein und demselben Wirt wird meist vermieden (die Parasitoidweibchen erkennen meist bereits parasitoidierte Insektenlarven). Kommt es zum Superparasitoidismus, d. h. zum (nicht gleichzeitigen) Zusammentreffen mehrerer Parasitoide einer Art in demselben Wirt, so werden dabei meist die jüngeren oder kleineren Larven von den stärkereren gefressen. Nekroparasitoidismus („Raubentoparasitismus“) liegt vor, wenn die Parasitoide sich nach Tötung ihres Wirtes weiterhin von dessen Körper ernähren (ähnlich ist es bei Perthophyten, die jedoch nicht ihre gesamte Wirtspflanze abtöten, S. 32).

Dem Parasitoidismus äußerlich ähnlich ist der sogenannte Raubektoparasitismus. Raubektoparasiten töten ihre Beute ähnlich wie die periodischen Parasitoide, indem sie sie allmählich auffressen oder aussaugen (z. B. Spinnen, Larven von bestimmten Insekten der Familien Pompilidae, Sphecidae, solitären Vespidae oder Myxinoidea). Teilweise wird die Bezeichnung auch für Parasitoide verwendet, die ihre assoziierten Super- oder Koparasitoide auffressen. Beziehungen zum Räubertum sind in beiden Fällen unverkennbar.

2.4. *Wirkung auf das Wirtsindividuum*

Wirkung der Parasiten auf den Wirt können allgemein bestehen: in Substanzentzug, Zerstörungen, Induktion anomaler Entwicklung (z. B. Hypertrophie, Krebsbildung, Verfettung), Störung der Physiologie, Auslösung von Überempfindlichkeit, Schädigung durch Toxine. Oft sind diese Einwirkungen eindeutig schädlich, in anderen Fällen fallen sie nicht ins Gewicht, in wenigen sind auch fördernde Einflüsse erkennbar.

Der Schaden für das Wirtsindividuum hängt von verschiedenen Faktoren ab. Hier sollen zunächst die individuelle Disposition des Wirtes (die von Konstitution und Kondition, Ernährung, Alter, Geschlecht, Gewöhnungsgrad und anderem abhängt) sowie die veränderlichen Eigenschaften des Parasiten wie Virulenz usw. unberücksichtigt bleiben (S. 104). Der potentielle Schaden für den Wirt wird zunächst durch die Parasitenart bestimmt. Die Schädigungsmöglichkeiten werden von der Grundform des Parasitismus (Ekto- oder Entoparasitismus), Sitz, Größe, Ernährungsweise, Vermehrung, Ausbreitung oder Wanderung im Wirt, toxischer Wirkung und Anpassungsgrad des Parasiten begrenzt. Der Charakter möglicher Schädigungen wird auch von der Zugehörigkeit der Parasiten zu großen Gruppen wie Bakterien, Viren, Pilze, Protozoen, Helminthen oder Arthropoden bestimmt, kann aber innerhalb dieser Gruppen auch unterschiedlich sein.

Niedrigste Schadstufen sind oft verbunden mit: Ektoparasitismus bei Pflanzen, Entoparasitismus im Enddarm, Darmparasitismus (bei Ernährung von Darminhalt des Wirtes und ohne toxische Wirkung), Parasitismus in historisch alten Parasit-Wirt-Systemen. Der Parasit vermag den Wirt hier nicht zu töten. Er ist auch vielfach nicht pathogen, da er nicht imstande ist, Erkrankungen des Wirtes hervorzurufen.

Mittlere Schadstufen sind oft verbunden mit: stationärem Ekto- und Entoparasitismus, bei dem lebende Körpersubstanzen (Zellen, Gewebe, Flüssigkeit) fortlaufend beschädigt, zerstört oder aufgefressen werden (Gewebefresser, Blutsauger, Zellparasiten), Parasitismus mit stärkeren toxischen Einwirkungen auf den Wirt, Parasitismus bei Wirten, die den Parasiten wenig oder noch nicht lange gewöhnt sind (manche Nebenwirte bzw. neu erworbene Wirte im Zuge der Ausbreitung einer Parasitenart), bei fakultativem Parasitismus, bei phylogenetisch jungem Parasitismus. Der Parasit ist hier pathopotent. Ob er eine Erkrankung hervorruft bzw. in welchem Grade er schädigt, hängt vom individuellen physiologischen Gleichgewicht beider Partner des Parasit-Wirt-Systems ab (S. 104). Tod oder schwerste Erkrankung des Wirtes sind hier selten.

Höchste Schadstufen sind meist verbunden mit: Sitz in besonders empfindlichen und lebenswichtigen Organen, wie Zentralnervensystem (neurotrope Viren), Leber, Lungen; gewissen Fällen des akzidentellen und fakultativen Parasitismus (vor allem von Bakterien). Der Parasit ist hier meist stark pathogen und hat die Fähigkeit, den Wirt zu töten oder schwer zu beeinträchtigen. Diese höchsten Schadformen des Parasitismus leiten (ohne inneren Zusammenhang) zu der Sonderform des Parasitoidismus über, bei der der Wirt getötet wird (womit eine Grenze des echten Parasitismus überschritten wird).

2.5. *Anpassungsstufen und Wirtsspezifität*

Die gegenseitige Anpassung (beim Wirt die „Gewöhnung“) von Parasit und Wirt auf der Artebene in der Phylogenese ist von großer Bedeutung für die Beurteilung eines Wirt-Parasit-Verhältnisses (vgl. Schadstufen). Akzidentelle Parasiten sind nicht und fakultative Parasiten nur z. T. an bestimmte Wirte oder Wirtsgruppen angepaßt. Es wird meist angenommen, daß die Entwicklung im allgemeinen von lockerer und breiter Orientierung auf den Wirt zu engeren und festeren Formen der Anpassung führt. Das ist aber nur eine Entwicklungstendenz, die man im Zusammenhang mit anderen sehen muß. Ähnlich wie die Entwicklung vom fakultativen zum obligatorischen Parasitismus überleitet, hat der Parasit am Anfang eines Wirt-Parasit-Verhältnisses oft die Fähigkeit, mehrere oder viele Wirte zu befallen, wohingegen im Zuge der Phylogenese eine Beschränkung auf wenige, z. T. auf nur eine Wirtsart eintritt. Die Tendenz kann von der

Einschränkung der Wirtsspezifität wieder umschlagen zur Wirtskreiserweiterung. Hand in Hand mit der Vorstellung von der Einengung der Wirtsspezifität geht die Annahme, daß historisch junge Wirt-Parasit-Beziehungen beim Wirt, der noch keine spezifischen Abwehrkräfte entwickelt hat, zu größeren Schädigungen führen als bei älteren, mehr gefestigten Systemen. Eine solche Evolution kann schließlich zum Mutualismus führen. Es gibt auch andere Entwicklungstendenzen, z. B. der Parasit erwirbt bei demselben Wirt eine andere Lokalisation, er geht vom Darmlumenparasitismus zum Gewebeparasitismus über und wird dadurch gefährlicher.

Wirtsspezifität ist die Beschränkung einer Parasitenart auf eine Wirtsgruppe oder eine Wirtsart. Die reale Wirtsspezifität (Wirtsbeschränkung) widerspiegelt sich in der natürlichen Verbreitung einer Parasitenart bei ihren Wirten, die potentielle Wirtsspezifität (Wirtsbindung) ergibt sich aus der experimentellen Prüfung der Eignung von in der Natur nicht in Frage kommenden Organismen als Wirte für eine Parasitenart (z. B. können potentielle Wirte aus Gebieten stammen, in denen die betreffende Parasitenart nicht vorkommt. oder sie kommen in der Natur nicht in Kontakt mit den Befallsstadien des Parasiten). Die potentielle Wirtsspezifität ist entweder gleich der realen oder breiter.

Wirtsbeschränkung auf nächstverwandte oder sonst nächstverbundene Wirte nennt Eichler (1952) gleichsinnig. Ungleichsinnige (streusinnige) Wirtsbeschränkung ist „das Vorkommen eines Parasiten bei nur einigen Wirten, die aber weiter nichts miteinander zu tun haben."

Nach dem Charakter der Wirtsspezifität unterscheidet man mitunter (nach Chabaud in „Premier Symposium ...") „junge (=nicht phylogenetische; ob sie immer jung sind, scheint uns unbewiesen) Spezifitätsformen" („ökologische", „physiologische" und „neogenetische" Wirtsspezifität), die (innerhalb gewisser Grenzen – dieser notwendige Zusatz wird meist nicht gemacht!) unabhängig von der systematischen Stellung des Wirtes ist, und alte, enge Spezifitätsformen, die mit der systematischen Stellung der Wirte verknüpft sind („phylogenetische" Wirtsspezifität). Einige bezeichnen nur die sog. phylogenetische Spezifität als Wirtsspezifität.

Die „ökologische" (auch „ethologische") Wirtsspezifität ist breiter (aber nie ohne Grenzen) und hängt in gewissem Maße (keinesfalls vollständig) von Nahrungs- und anderen Gewohnheiten der Wirte bzw. vom Zusammentreffen von Parasit und Wirt (den Befallsaussichten) ab. Grundgedanke ist dabei, daß der Parasit nicht phylogenetisch nächstverwandte, sondern ökologisch oder ethologisch nächststehende Wirte befällt. Es kann sich aber auch um auf historisch entstandene geographische Wirtsgruppierungen orientierte Spezifität handeln (Šul'man), wobei die bloße ökologische Interpretation bereits nicht mehr genügt.

Der Begriff „ethologische Spezifität" wurde ursprünglich von Baer für die Beschränkung auf einen Wirtskreis mit gleicher Nahrung als Befallsquelle angewendet. Osche (1957) faßte die ökologische Wirtsspezifität enger und bezog sie nur auf Fälle, wo sie weder durch phylogenetische noch durch Nahrungsbeziehungen der Wirte bestimmt wird, sondern hauptsächlich durch Gemeinsamkeiten der Biotope.

Die (seltenere) „physiologische" Wirtsspezifität kann ebenfalls mehr oder weniger breit sein, ihre Ursache liegt im Stoffwechsel beziehungsweise biochemischen Besonderheiten der Wirte.

„Neogenetische" Wirtsspezifität (stets eng) kann sich von „ökologischer" oder „physiologischer" Spezifität herleiten, wobei die Plastizität im Laufe der Entwicklung eingeschränkt wurde. „Neogenetische" leitet zu „phylogenetischer" Wirtsspezifität über.

Die „ökologische" Wirtsspezifität gilt stets innerhalb einer mehr oder weniger größeren systematischen Wirtsgruppe (oder mehrerer solcher Gruppen). Für eine größere systematische Einheit geltende Wirtsspezifität wurde auch Supraspezifität genannt. In der Art der Wirtsspezifität drücken sich Stufen der Anpassung des Parasiten an den Wirt, an eine systematische oder ökologische Wirtsgruppe oder an bestimmte Übertragungswege aus. Bei stärkerer Bindung an eine Wirtsart oder -gattung tritt in der Phylogenese oft eine „Parallelentwicklung" zwischen Parasit und Wirt auf, die ein wichtiger Faktor bei der Artbildung von Parasiten ist (S. 155). Es wäre aber falsch, anzunehmen, eine „ökologische" Spezifität wäre immer eine Vorstufe der „phylogenetischen". Es gibt Parasitengruppen, in denen „ökologische" Spezifität dominiert, obwohl sie genau so alt sind wie vergleichbare Gruppen mit „phylogenetischer" Spezifität. Ein reines Vorliegen der einen oder anderen Spezifitätsform ist oft nicht gegeben, es können Zwischenformen auftreten. Die Wirtsspezifität ist wie alle Lebenserscheinungen nichts Unveränderliches, sondern unterliegt einer Dynamik. Die Bezeichnungen der Wirtsspezifität als „ökologisch", „ethologisch", „phylogenetisch", „physiologisch", „neogenetisch" sind unglücklich, da sie auf eine ursächliche Erklärung abzielen, die wünschenswert ist, aber selten schon vorliegt.

Dem Sachverhalt nach gibt es (mit jeweils allen Übergängen) breite und enge, veränderliche und starre Wirtsspezifität. Es wurde betont, daß es eine nur „ökologische" Wirtsspezifität gar nicht gibt. Dabei sind immer auch phylogenetische und physiologische Faktoren im Spiel. Eine Erklärungsmöglichkeit der Wirtsspezifität ist die Anpassung des Parasiten. Diese kann in einer breiten Orientierung auf viele verschiedene oder nahezu alle auf einem bestimmten Übertragungsweg erreichbaren Wirtsarten bestehen (aber auch dabei werden systematische Grenzen eingehalten: Eine Orientierung einer Parasitenart auf mehrere Wirtsklassen ist selten, das Wirtsphylum wird niemals überschritten). Sie kann sich aber auch in einer engen Orientierung auf eine Wirtsart oder eine Gruppe nahe verwandter Wirte äußern. In beiden Fällen hat die Anpassung evolutionistischen und ökologisch-physiologischen Charakter.

Der Begriff der „physiologischen" Wirtsspezifität wird z. B. angewendet, wenn ein Parasit bei mehreren Wirtsarten vorkommt, die nicht nächstverwandt sind und die auch nicht als einzige von dem Parasiten erreicht werden können. Eine nahe Verwandtschaft der Wirte muß sich nicht in der Übereinstimmung aller für eine Parasitenart lebenswichtigen physiologisch-biochemischen Funktionen ausdrücken. Solche Übereinstimmungen können auch zwischen systematisch mehr oder weniger voneinander entfernten Wirtsarten auftreten. So ähneln sich in manchen Fällen die Wirtseigenschaften von Mensch und Schwein (*Fasciolopsis buski*), von Möwen und Lappentauchern (*Cotylurus*), von bestimmten fischfressenden Vögeln und Säugetieren (Trematodenfamilie Heterophyidae). Ökologische Gemeinsamkeiten sind hier nicht allein verantwortlich, da auch andere Tiere ähnliche Aussichten des Zusammentreffens mit den Übertragungsformen haben, sich aber als refraktär erweisen.

Der Wirtsspezifität des Parasiten entspricht auf Seiten der Wirtsart die Empfänglichkeit oder Suszeptibilität (nicht zu verwechseln mit individueller Disposition oder mit Toleranz des Wirtes, S. 109) bzw. die artmäßig verankerte Nichtempfänglichkeit (Axenie, vgl. Abschnitt 5.3.). Nicht immer wird die Wirtsspezifität durch die Wirkung der Unempfänglichkeit realisiert, sie kann bereits durch „Auswahl" des spezifischen Wirtes durch den Parasiten verwirklicht werden (z. B. wenn der Parasit den Wirt aktiv aufsucht). Wirtsspezifität wie Empfänglichkeit können nach dem Grade der Anpassung des Parasiten oder der aktiven Resistenz (S. 111) des Wirtes abgestuft sein. Die aktive und z. T. auch die passive Resistenz hat eine physiologisch-biochemische Grundlage. Nur Parasiten, die die Abwehrmaßnahmen neutralisieren können, sind in der Lage sich zu etablieren.

Termini der realen Wirtsspezifität sind Monoxenie[1]) (Einwirtigkeit — nicht zu verwechseln mit Homoxenie oder mit Monohospitalismus): Der Parasit hat (zumindest in einem bestimmten Stadium) nur eine Wirtsart; Oligoxenie (Wenigwirtigkeit); Polyxenie (Vielwirtigkeit — nicht zu verwechseln mit Heteroxenie oder mit Polyhospitalismus). Diese parasitologischen Begriffe ergänzen die ökologischen Termini monophag (bzw. stenophag)/polyphag und stenotop/eurytop (auf Ernährung bzw. Lebensraum bezogen) und stenök/euryök (auf die allgemeinen Lebensansprüche bezogen), decken sich aber nicht voll-

---

[1]) Von NEVEU-LEMAIRE ursprünglich zur Kennzeichnung des Lebenszyklus (als Gegensatz zu Heteroxenie!) eingeführt, vgl. S. 76.

ständig mit diesen, da sie im einen Fall mehr, im anderen weniger bedeuten. ZMORAY (1968) hat die Bezeichnungen für die Wirtsspezifität mit einem Vorschlag über die quantitative Anwendung verbunden:

a) Stenoxene Parasiten – diese haben wenige Wirte
  aa) Monoxene Parasiten – mit einem einzigen Wirt
  bb) Stenoligoxene Parasiten – mit 2–3 Wirten
b) Euryxene Parasiten – mit einer größeren Anzahl von Wirten
  aa) Euroligoxene Parasiten – mit 4–5 Wirten
  bb) Polyxene Parasiten mit mehr als 6 Wirten

Diese Ausdrücke sollten auf die Gast-Wirt-Beziehungen beschränkt bleiben (Xenie = Wirtigkeit), denn sie drücken nicht immer die gesamte ökologische Valenz eines Gastes aus (das wäre nur bei absolut-permanenten Entoparasiten der Fall), sondern nur den Teilbereich, der sich auf einen Wirt bezieht.

Häufig gebrauchte Wirtstermini der Abstufungen in der Wirtsspezifität sind Hauptwirt[1]) und Nebenwirt. Hauptwirt ist die hauptsächlich befallene Wirtsart (oder Wirtsgruppe), Nebenwirt ist eine daneben in geringerem Prozentsatz befallene Wirtsart (oder -gruppe). Besonders seltene Nebenwirte werden als Gelegenheits- oder Zufallswirte bezeichnet. Ein Sonderfall des Gelegenheits- oder Zufallswirtes ist der Notwirt („ein von einem Parasiten in Ermangelung eines geeigneten wirklichen Wirts aktiv aufgesuchter Wirt"). Mit dem (mehr statistischen) Begriff des Hauptwirts überschneidet sich weitgehend der Regelwirt EICHLERS („... derjenige Wirt, auf dem ein Parasit regelmäßig vorkommt und der gleichzeitig am besten an diesen angepaßt ist"), der aber zusätzlich einen evolutionistischen Aspekt aufweist. Anders akzentuiert sind Normalwirt (jeder Wirt, bei dem sich der Parasit normal entwickeln kann) und Vorzugswirt („bei welchem der Parasit die günstigsten Entwicklungsbedingungen vorfindet oder den er im Falle einer Wahl aussucht"). Haupt-

[1]) Unzweckmäßigerweise auch für Endwirt (S. 83) verwendet.

und Nebenwirte eines Parasiten können demnach sämtlich Normalwirte sein. Oft ist der Hauptwirt ein „besserer" Wirt, er ist dann gleichzeitig Vorzugswirt. Meist ist der Hauptwirt mit dem Regelwirt identisch.

2.6. Erscheinungsformen nach Parasitengruppen

Spezielle Erscheinungsformen des Parasitismus ergeben sich unter dem Aspekt bestimmter Parasitengruppen und ihres Lebenszyklus. Parasitierungscharakter, Entwicklungs- und Vermehrungsweise, Vorhandensein oder Fehlen besonderer Verbreitungs- oder Übertragungsstadien sind im allgemeinen abhängig von der Stufe des Parasitismus (Ekto- oder Entoparasitismus) sowie Körpergröße und Organisationshöhe der Parasiten (Länge des individuellen Lebens, Vermehrungsgeschwindigkeit, reich gegliederte Individualentwicklung oder überindividuelle Entwicklungszyklen usw.).

Die Viren[1]) sind infektiöse Nukleoprotein-Einheiten. Sie können nur innerhalb lebender Zellen (von Bakterien, Pflanzen, Tieren, Mensch) vermehrt werden. Außerhalb von Wirtszellen werden sie inaktiv. Sie behalten dort mehr oder weniger lange ihre potentielle Infektions- und Vermehrungsfähigkeit, bis sie „absterben". Sie enthalten im allgemeinen nur einen Nukleinsäuretyp (Ribonukleinsäure, RNS, oder Desoxyribonukleinsäure, DNS).[2]) Die virale Nukleinsäure enthält einen („genetischen") Code, der der Wirtszelle Informationen für ihre Umstellung auf die Virusreproduktion eingibt. Die Viren verfügen über keinen eigenen Stoffwechsel.

Man unterscheidet kleine (10–50 nm), mittelgroße (50–150 nm) und große Viren (150–500 nm). Die meisten sind kugelähnlich,

---

[1]) Wir behandeln sie hier injunktiv als parasitäre Organismen.

[2]) Die „großen Viren" (*Miyagawanella* und *Chlamydia*) enthalten RNS und DNS; sie werden wegen Anzeichen eigenen Stoffwechsels mehr in die Nähe der Rickettsien gestellt, die in gewisser Hinsicht zwischen Viren und Bakterien stehen (aber meist zu den Bakterien gerechnet werden).

manche quader-, stab- oder fadenförmig, die Bakteriophagen sind kugelig und haben einen Schwanzfortsatz.

Das Virus gelangt über die Phase der Anheftung an die Zelloberfläche in die lebende Wirtszelle: Adsorption durch spezifische Bindung zwischen Proteinhülle des Virus und Rezeptoren der Zelloberfläche. Das komplette Virus zerfällt beim Eindringen in die Wirtszelle in Untereinheiten. Dabei trennen sich die Nukleinsäure- und Proteinkomponenten (bei Bakteriophagen wird die DNS in die Bakterienzelle injiziert, die Proteinhülle des „Kopfes“ bleibt an der Oberfläche der Wirtszelle verhaftet), es kommt (bei Viren der Mehrzeller) zur stufenweisen Bildung der Oberflächenkomponente (Proteinhülle) des Virus im Zytoplasma sowie zur Vermehrung der Nukleinsäure im Kern oder Zytoplasma, später zur Zusammenfügung beider Komponenten in der Randzone des Zytoplasmas und zur Freisetzung des vollständigen infektiösen Virus. Die Einwirkungen der Virussynthese auf den normalen Stoffwechsel der Wirtszelle sind je nach Virusart unter Umständen sehr verschieden (starke Schädigung bis geringfügige Einflüsse). Der normale Energievorrat der Zelle reicht zur Synthese Tausender bis über 1 Million Virus-Untereinheiten. Eine Besonderheit besteht darin, daß die Selbständigkeit des infizierenden Agens nach Penetration der Wirtszelle verlorengeht. Die Aufenthaltszeit in der Wirtszelle wird Latenzphase genannt, innerhalb dieser ist die Eklipse die Zeit zwischen Verlust der Infektiosität und Auftreten erster infektiöser Einheiten. Die primäre Eklipse dauert z. B. beim MKS-Virus in Gewebekultur 2–3 Stunden. Bereits nach 4–5 Stunden können 45% der Gesamtproduktion einer Gewebekultur in die Virussynthese eingespannt sein. Bei anderen Viren sind die ersten infektiösen Einheiten 16–20 Stunden p. i. nachweisbar. Die erzielten Virusmengen hängen von der Produktionsfähigkeit der jeweiligen Virus-Zell-Systeme ab.

Die Viren unterliegen genetischen Mutationen. Da eine zweigeschlechtliche Fortpflanzung fehlt („Agamospezies“, vgl. S. 150), führen Mutationen oft zu schneller genetischer Änderung innerhalb der Populationen (Stammbildung). Daneben gibt es Kreuzungsmöglichkeiten und Rekombinationen zwischen verschiedenen Stämmen einer Art oder nahe verwandten Arten. Rekombination bei Viren kann eintreten, wenn beide Partnerviren (die eine gemeinsame reproduktionsfähige Einheit aufweisen müssen) annähernd gleichzeitig in eine Wirtszelle eindringen. Dann kann es bei der Virussynthese zum Austausch genetischer Bauelemente kommen, wodurch neue Stämme oder Arten entstehen.

Der Parasitismus der Viren ist charakterisiert durch:

1. Obligaten Zellparasitismus bei Bakterien, Pflanzen und Tieren, permanenten und sempiternalen Entoparasitismus. Bei einem Teil der Bakteriophagen handelt es sich um Parasitoide, oder es wechseln parasitische mit parasitoidischen Wirtsbeziehungen.

2. Ausnutzung des Replikationsmechanismus der Wirtszelle; Möglichkeit der Übertragung von genetischen Informationen zwischen Wirtszellen und -individuen (z. B. Transduktion bei Bakterien, Übertragung partikulärer Tumordeterminanten beim Wirbeltier).

3. Homogen-multiplikative Reproduktion (S. 95). Fehlen zweigeschlechtlicher Fortpflanzung. Sonderfall von Kreuzung und Rekombination zwischen Stämmen. Kleinste Größenordnung der Parasiten — hohe Reproduktionsgeschwindigkeit. Existenz in Mikropopulationen (S. 146).

B a k t e r i e n sind primitive Organismen ohne echten Zellkern. Sie bilden mit den Cyanophyceen das Reich der Schizobionta.

Sie sind meist einzellig und sehr klein (Körperlänge zwischen 0,15 und 80 µm). Die morphologische Differenzierung ist wenig ausgeprägt (kugelige Kokken, stäbchenförmige Bazillen, schraubig gedrehte Vibrionen und Spirillen, verzweigte Mykobakterien, keulenförmige Korynebakterien). Anstelle eines Zellkerns ist ein Kernäquivalent vorhanden, die DNS liegt von Nukleoplasma umgeben frei in der Zelle. Die Vermehrungsgeschwindigkeit unter optimalen Bedingungen ist enorm (DNS-Neubildungsrate von 33 µm Kettenlänge je Minute, Synthetisierung von etwa 40000 Molekülen einer Aminosäure und etwa 150000 Peptidbindungen je Sekunde). Die Vermehrung erfolgt im allgemeinen vegetativ („Agamospezies") durch Zweiteilung (Querteilung), unter Umständen mehrmals in einer Stunde. Eine Übertragung genetischen Materials ist auch hier möglich (Konjugation, Transduktion). An einem Tage können von einem Individuum aus Millionen oder sogar Billionen Nachkommen entstehen. Einige Bakterienarten vermögen Dauersporen zu bilden; auch die vegetativen Formen der Bakterien sind z. T. sehr widerstandsfähig. Die meisten der etwa 6000 bisher unterschiedenen Bakterienarten leben heterotroph. Von diesen sind die meisten Saprophyten, ein kleiner Teil obligate Parasiten und Mutualisten. Ein Teil kann saprophytisch wie auch parasitisch leben (fakultative Saprophyten und Parasiten). Etwa 800 Arten leben obligat oder fakultativ in Körper-Kontakt-Verhältnissen.

Der Parasitismus der Bakterien ist gekennzeichnet durch:

1. Entoparasitismus verschiedener Formen und Stufen (obligat/fakultativ, Darm-, Gewebe- und Zellparasitismus, periodisch/permanent, sempiternal/partimal) bei Pflanzen und Tieren; einige Parasitoide bei Insekten.
2. Homogen-multiplikative Reproduktion, zu der in einigen Fällen formenzyklisch-heterogen-propagative Reproduktion (S. 70) kommen kann (Dauersporen); Fehlen zweigeschlechtlicher Fortpflanzung; unregelmäßig realisierte „parasexuelle" Kreuzungsmöglichkeit und Rekombination durch Transformation, Konjugation und Transduktion. Nach den Viren kleinste Größenordnung der Parasiten — hohe Reproduktionsgeschwindigkeit. Existenz in Mikropopulationen.

Protozoen sind einzellige heterotrophe Organismen mit echtem Zellkern. Sie bilden zusammen mit den Protophyten (Algen und Pilzen) das Reich der Protobionta (Protisten).

Die Körperlänge der parasitischen Arten schwankt zwischen 1 und 1000 μm. Die Protozoen sind morphologisch, systematisch und nach ihrer Entwicklung reich gegliedert. Die parasitischen Vertreter gehören zu den Stämmen bzw. Stammgruppen der Flagellaten/Rhizopoden, Piroplasmiden, Ciliaten, Cnidosporidien und Sporozoen. Von den über 30000 Arten leben rund 6000 in Körper-Kontakt-Vergesellschaftungen, davon der größte Teil als Parasiten (nach Dogiel 1963 3500–4000).

Die Fortpflanzungsverhältnisse sind bei den einzelnen Gruppen recht verschieden. Wir finden vegetative Vermehrung durch Zwei- oder Vielfachteilungen (z. B. bei Flagellaten/Rhizopoden und Piroplasmiden), zweigeschlechtliche Fortpflanzung bei Sporozoen, Opaliniden und in der Sonderform der Konjugation bei Ciliaten. Die Generationsdauer ist noch kurz (mehrere Stunden bis wenige Tage), die Vermehrungsgeschwindigkeit daher groß. Viele Arten bilden besondere Verbreitungs- und Übertragungsformen aus.

Der Parasitismus der Protozoen ist gekennzeichnet durch:

1. Meist obligaten Entoparasitismus bei Tieren in verschiedenen Stufen als Darm-, Gewebe- und Zellparasitismus, meist permanent sowie sempiternal oder partimal.

2 Multiplikative Reproduktion (homogen oder formenzyklisch- bzw. generationszyklisch-heterogen, S. 69), zu der meist propagative Reproduktion tritt (meist heterogen); zweigeschlechtliche Kreuzung, wechselseitige Konjugation oder Fehlen geschlechtlicher Vorgänge (primär oder sekundär). Nach Viren und Bakterien drittkleinste Größenordnung von Parasiten mit hoher Reproduktionsgeschwindigkeit. Existenz in Mikropopulationen.

Pilze (Mycophyta) sind saprophytische oder parasitische Organismen pflanzlicher Entwicklungsrichtung.

Nur einige niedere Formen sind einzellig (einkernig), die meisten Arten bilden fadenförmig (Hyphen) wachsende verzweigte und vielkernige Vegetationskörper (Mycelien). Sie umfassen mikroskopisch kleine Formen bis zu weit verzweigten Mycelien. Die Pilzzellen sind größer als die Bakterienzellen (Durchmesser 4–200 μm). Von den rund 100000 Pilzarten lebt ein beträchtlicher Teil obligat oder fakultativ parasitisch.

Die Fortpflanzungsverhältnisse sind vielgestaltig. Die echten Einzeller erinnern in vielem an die Protozoen. Es kommt zu vegetativen Teilungen und Sprossungen oder zur Ausbildung von Schwärmsporen. Sporen verschiedenster Art sind die typischen Verbreitungsformen der Pilze. Bisweilen werden besonders widerstandsfähige Dauersporen ausgebildet. Geschlechtliche Vorgänge gibt es in verschiedener Form (von Gametogamie über Hyphenkopulation und Karyogamie bis zur Reduktion der Sexualvorgänge).

So wie bei Viren, parasitischen Bakterien und Protozoen durch multiplikative Reproduktion (S. 93) der Individuen eine Überschwemmungsvermehrung im Wirt stattfindet, ist es auch bei einzelligen parasitischen Pilzen. Bei den mycelbildenden Pilzen äußert sich die Ausbreitung im oder auf dem Wirtsorganismus nicht in individueller Vermehrung, sondern in unbeschränktem, nach pflanzlicher Art „offensystemischem" Wachstum. Daher leben die meisten parasitischen Pilze nicht in Form von Mikropopulationen, sondern in Form von Organophänoten (S. 145) mit oder ohne Kreuzungsmöglichkeit. Die phänotypische und genotypische (Mutationen) Variabilität der Pilze ist groß. Infolge Zurücktretens geschlechtlicher Fortpflanzung spielen Mutationen die größte Rolle bei Stammbildungen. Auf Grund des Vorliegens zwei- und mehrkerniger „Zellen" (zeitliche Trennung zwischen Zytoplasma- und Kernverschmelzung oder auch einfache Hyphenanastomosen oder Mutation) tritt bei Pilzen der u. U. kombinatorisch wirksame Sonderfall der Heterokaryosis auf, bei der sich genetisch verschiedene Kerne in einer „Zelle" befinden.

Der Parasitismus der Pilze ist charakterisiert durch:

1. Obligaten oder fakultativen Ento- oder Ektoparasitismus verschiedenen Grades, meist periodisch und partimal, seltener permanent und sempiternal.

2. Multiplikative Reproduktion oder „offensystemisches" Wachstum, wozu propagative Reproduktion tritt (homogen oder generationszyklisch-heterogen); zweigeschlechtliche Kreuzung, Heterokaryosis, autogame Vorgänge oder Fehlen geschlechtlicher Prozesse. Recht hohe Wachstumsgeschwindigkeit, Existenz in Mikropopulationen oder Organophänoten.

Die Helminthen umfassen (in etwa 17000 Arten)[1]) Vertreter der Tierstämme Plathelminthes (Plattwürmer,

[1]) Nach den beschriebenen Arten würden dieser Zahl etwa 10000 (nach anderen Angaben etwa 3000) meist nichtparasitische Turbellarien (Plathelminthes) und etwa 5000 nichtparasitische Nematoden gegenüberstehen. Allerdings ist dieses Verhältnis ungenau, da die freilebenden Nematoden zuzüglich der noch nicht beschriebenen Arten auf 10000 bis 100000 geschätzt werden.

mit den ausschließlich parasitischen Klassen der Bandwürmer oder Cestoda, Hakensaugwürmer oder Pectobothrii-Monogenea und Saugwürmer oder Trematoda), Nemathelminthes (Rundwürmer, mit den Klassen der z. T. parasitischen Nematoda oder Fadenwürmer und der larvalparasitischen Nematomorpha oder Saitenwürmer) und Acanthocephala (Kratzwürmer, nur parasitisch). Zu den Helminthen im weiteren Sinne können auch die zu den Arthropoden gehörenden Pentastomida (Zungenwürmer) gerechnet werden, evtl. auch die Hirudineen (Blutegel, teilweise temporärparasitisch, wenige stationärparasitisch).

Die Helminthen sind im typischen Fall wurmförmig. Ihre Körperlänge liegt zwischen 0,4 mm und 15 m. Ihre Generationsdauer ist ihrer Größe angemessen im allgemeinen in Tagen (etwa zwischen 1 und 120) meßbar, wobei die oft gesetzmäßige Entwicklungsunterbrechung durch Wartestadien starke zeitliche Dehnungen ermöglicht.

Der Parasitismus der Helminthen ist wie folgt zu charakterisieren:

1. Meist obligater Entoparasitismus vor allem bei Tieren, aber auch bei Pflanzen (Phytonematoden) in verschiedenen Stufen als Darm-, Körperhöhlen-, Organ- oder Gewebeparasitismus, permanent oder periodisch, sempiternal oder oder partimal. Wenige Ektoparasiten (Pectobothrii, einige Turbellarien und Hirudineen) und Temporärparasiten (Hirudineen, einige Turbellarien).

2. Propagative Reproduktion (homogen oder heterogen), nur bei Trematoda (Digenea) regelmäßig im Wirtswechsel alternierend auch multiplikative Reproduktion (homogen und heterogen), sonst nur sporadisch. Larvalparasiten ohne Reproduktion im Wirt. Zweigeschlechtliche Fortpflanzung vorherrschend, bei Plathelminthen auch Selbstbefruchtung (bei Cestoden weit verbreitet, bei Trematoden gelegentlich), seltener Parthenogenese. Rekombination Hauptursache der genotypischen Variabilität (bei parthenogenetischen und autogamen Formen

rücken dagegen Mutationen in den Vordergrund). Reproduktionsgeschwindigkeit in der Größenordnung von Tagen bis Wochen. Infrapopulare Existenz in Form von Organophänoten oder abwechselnd (Wirtswechsel) in Mikropopulationen und Organophänoten, selten nur in Mikropopulationen; dazu können nichtreproduktive Larvophänoten (S. 148) treten (die bei Larvalparasiten allein vorliegen).

Die Arthropoden nehmen unter den Hauptgruppen der Parasiten nach ihrer Organisation die höchste Stufe ein.

Ihre Körpergröße (parasitische Formen) liegt zwischen 0,1 mm und 10 cm. Aus der großen Organisationshöhe tierischer Entwicklungsrichtung (Sinnesorgane, Lokomotion) läßt sich der hohe Anteil von Temporärparasiten[1]) (viele Dipteren, Heteropteren, Homopteren, Flöhe, Acari) und der periodischen Parasitoide (Larvalparasitoidismus) erklären. Bei einem Teil des echten Entoparasitismus durch Insekten handelt es sich um Larvalparasitismus (z. B. Dasselfliegen). Hier schließt sich der Larval- bzw. Larval- und Weibchenparasitismus der Strepsipteren an. Larvalparasiten sind auch die Pantopoden. Stationärer Ektoparasitismus ist für viele Insekten (Läuse, Mallophagen) typisch. Ento- und Ektoparasiten (stationär, z. T. temporär) stellen die Krebstiere (Crustacea) und Milben (Acari). Für eine permanententoparasitische Lebensweise scheint der Körper der Arthropoden im allgemeinen schon zu hoch organisiert (weitgehenden Umbau der Organisation und wurmförmige Gestalt zeigen die Pentastomiden, deren Lebensweise und Lebenszyklus typisch helminthär sind). Die Zahl von etwa 75000[2]) parasitischen und parasitoidischen Arthropodenarten ist absolut groß, aber klein im Verhältnis zu den über 1 Million bekannten Arten.

Der Parasitismus der Arthropoden äußert sich in folgenden Merkmalen:

1. Große Vielseitigkeit und verschiedene Stufen des Parasitismus bei Pflanzen und Tieren, wobei permanenter Entoparasitismus selten ist. Typisch sind Temporär-

[1]) Das gilt auch für die Hirudineen.

[2]) Man rechnet mit der Entdeckung zahlreicher weiterer Arten vor allem unter den Hymenopteren (die meisten Insektenarten werden von Hymenopteren parasitoidiert oder parasitiert), so daß hier erhebliche Verschiebungen zu erwarten sind.

parasitismus, Ektoparasitismus und periodischer Parasitoidismus bzw. Entoparasitismus. Entsprechend fehlen meist stark gegliederte Lebenszyklen mit Wirts-, Formen- und Generationswechsel.

2. Bei den stationären Ektoparasiten herrscht größtenteils homogen-multiplikative Reproduktion (Läuse, Mallophagen, manche Milben), z. T. auch homogen-propagative Reproduktion wie bei permanenten Entoparasiten (manche Krebse); Larvalparasiten und -parasitoide ohne Reproduktion beim Wirt. Zweigeschlechtliche Fortpflanzung vorherrschend, selten Parthenogenese. Ähnlich wie bei Helminthen ist Rekombination Hauptursache der genotypischen Variabilität. Reproduktionsgeschwindigkeit in der Größenordnung von Tagen bis Wochen. Infrapopulare Existenz in Form von Mikropopulationen oder in Larvophänoten, seltener in Organophänoten.

Übrige Metazoen. Parasiten finden sich auch noch in anderen Tierstämmen (ausgenommen Schwämme und Echinodermen). Unter den Mollusken gibt es nach Dogiel (1963) 3 parasitische Muscheln und etwa 100 parasitische Schneckenarten. Larvalparasiten sind die Glochidien (Larven der Unioniden). Unter den Chordaten gibt es einige Temporärparasiten (Vampirfledermäuse als Blutsauger bei Warmblütern, einige Cyclostomen) und „Raubektoparasiten“ (Myxinoidea, S. 38); die Lebensweise von Myxinen wurde auch als „Halbparasitismus“ bezeichnet (sie bohren sich in die Leibeshöhle von Fischen ein und fressen sie von innen her aus).

Höhere Pflanzen (Kormophyten). Man unterscheidet Hemiparasiten und Holoparasiten (S. 33). Die Hemiparasiten haben die Fähigkeit der autotrophen Ernährung noch nicht völlig verloren. Wirte sind nur höhere Pflanzen. Halbschmarotzer (wie Mistel und manche Scrophulariaceen) beziehen vor allem Wasser und Nährsalze aus der Wirtspflanze (Anschluß an die Gefäßbahnen des Wirtes). Bei Hemiparasiten können wirtsspezifische Rassen vorliegen. Die Vollparasiten (z. B. *Orobanche*, *Cuscuta*) sind mit dem Gefäßteil wie auch mit den Siebröhren ihrer Wirte verbunden und entnehmen auch synthetisierte Nährstoffe.

3. Entstehung und Evolution des Parasitismus

3.1. Übergang zum Schmarotzertum

Parasitismus ist eine sehr alte Lebenserscheinung. Mit der Entstehung der heutigen heterotrophen Organismengruppen sind bald auch erste Parasiten entstanden. Der Parasitismus entwickelte sich auch durch zahlreiche Übergänge vom freien Leben nicht vergesellschafteter Organismen sowie von anderen Vergesellschaftungsformen her. Es gibt Organismengruppen, in denen noch heute Übergänge zum Parasitismus erfolgen (S. 153). Triebkräfte für den Übergang zum Parasitismus sind Nahrungserwerb, Schutzsuchen sowie Zufall und Gelegenheit. Begünstigend wirken auch verschiedenste Gesellungen. Ernährungserleichterung und vor allem Unterschlupf und Schutz finden in erster Linie kleinere Organismen bei größeren.

Bei Protozoen ist eine Grenze zwischen freilebenden und parasitischen Arten oft schwer zu ziehen. Epökie ist weitverbreitet, und zufällige und fakultative Ansiedlung auf anderen Wasserorganismen mündet bei einigen in obligat epöke Lebensweise mit Spezialisierung auf bestimmte Wirte. Die Epökie kann auch zum Ektoparasitismus führen (z. B. Hautparasitismus bei Fischen durch die Flagellaten *Costia* und *Chilodon*). Einige solche Fischparasiten wie *Ichthyophthirius* dringen ins Innere der Haut vor und leiten damit zum Entoparasitismus über. Bei Tieren gelangen viele kleine Organismen durch die Mundöffnung in den Verdauungstrakt. Bei Protozoen wie bei Bakterien und anderen können encystierte Ruhestadien den Darm unbeeinträchtigt durchlaufen („Darmpassanten"), während ungeschützte Formen im allgemeinen verdaut werden. Bei den Darmpassanten sind wichtige Voranpassungen (Präadaptationen) für den Übergang zur parasitären Lebensweise vorhanden: Schutz vor den Verdauungssäften des Wirtes, Fähigkeit zu anaerober Atmung. Fäulnis- und Kotbewohner sind durch ihre anaerobe Lebensweise und ihre Ernährung für den Übergang zum Darmparasitismus vorangepaßt (viele Bakterien, Protozoen, einige Pilze, Nematoden und Insektenlarven). Kot- und Fäulnisbewohner als Darmpassanten verlassen gelegentlich im Darm ihre Cysten (Protozoen) und leben z. T. dort. Damit wird das Feld der Entökie oder schon des fakultativen Parasitismus beschritten. Das Leben im Darmtrakt setzt Widerstandsfähigkeit gegen Verdauungsenzyme des Wirtes voraus. Dies entfällt im Enddarm, der – zumal bei Wirbeltieren – erster Ansiedlungsort ist. Für die Besiedlung anderer Darmbereiche waren Schutzeinrichtungen gegen Verdauungsenzyme nötig. Bei geschwächten und kranken Wirten kann die Verdauungsaktivität herabgesetzt sein, was die Ansiedlung von werdenden Entöken und Parasiten begünstigt. Viele saprophytische Bakterien leben als fakultative Entöken beziehungsweise Parasiten.

Bakterien, Protozoen, Pilze und andere konnten vorwiegend durch Übergang von der Saprophagie zu Parasiten werden. Als wichtige Voranpassung brachten sie meist die anaerobe Atmung mit. Weiterhin sind Übergänge von Epökie und Entökie zum Parasitismus sowie vom fakultativen zum obligaten Parasitismus und gelegentlich vom Ekto- zum Entoparasitismus anzunehmen. Bei den genannten Gruppen liegt schon von der Entstehung her meist stationärer Parasitismus vor.

Helminthen. Wege zum Parasitismus sind vor allem bei Nematoden noch heute erkennbar. Hier gibt es freilebende (Boden, Wassergrund), pflanzen- und tierparasitische Arten. Die meisten Helminthen dürften infolge zufälliger peroraler Aufnahme durch Tiere zu Entoparasiten geworden sein.

Bei Insekten gab es vielfach den Weg von der Synökie über die Epökie zum Ektoparasitismus. Die Fähigkeit zum Auflecken von Flüssigkeiten führte zum Lecken an Schweiß, Blut und dergleichen, von wo aus sich ein Übergang zum Blutsaugen ergab. Saugen an Pflanzen durch Arthropoden kann zum Ektoparasitismus an Tieren überleiten (Wanzen, manche Milben). In einigen Fällen führte der Weg von Saprophagie über fakultativen zu obligatem Parasitismus. Fraß an toten Organismen, namentlich Tieren, leitete zum Fraß in Wunden über (Myiasisfliegen). Die sessile Lebensweise hat außer bei manchen Protozoen auch bei einigen wasserlebenden Arthropoden (Cirripedia) über die Epökie zum Ektoparasitismus geführt.

3.2. Entstehung des Wirtswechsels (Heteroxenie)

Kompliziert ist die Herausbildung von Lebenszyklen mit mehr als einem für die ontogenetische oder zyklische Entwicklung des Parasiten notwendigen Wirt. Vorstufe ist in einigen Fällen Generationswechsel zwischen freilebenden und parasitären Generationen (wie bei manchen Nematoden und Insekten). Bei der Komplizierung der Lebenszyklen sind zunächst zu trennen:

1. Generationswechsel
2. Erwerb von Überträgern
3. Verlagerung einzelner individueller oder zyklischer Entwicklungsetappen auf mehrere Wirte
4. Koppelung von Generations- und Wirtswechsel

Das Wort „Wirtswechsel" läßt mehrere Anwendungen zu. Es kann z. B. einen historischen, individuellen (bei Temporärparasiten) und einen ontogenetisch-zyklischen Bezug (bei Stationärparasiten) haben, der hier gemeint ist. Historischer Wirtswechsel wäre der Übergang von einem im Laufe der Zeit in den Hintergrund tretenden Stammwirt auf einen anderen Hauptwirt (Vagismus). Der individuelle und ontogenetisch-zyklische Bezug tritt bei „mehrwirtigen" Zecken gekoppelt auf: Während der Individualentwicklung wird der Wirt obligatorisch ein- oder zweimal gewechselt (zwei- und dreiwirtige Zecken).

Generationswechsel kommt bei manchen tierischen Parasiten (besonders bei Sporozoen und Trematoden) sowie den Pilzen vor. Charakter und Bedeutung sind in einzelnen Parasitengruppen unterschiedlich. Der obligatorische primäre Generationswechsel der Sporozoen hat in dem bei den übrigen Protozoen vielfach beobachteten fakultativen oder unregelmäßigen Wechsel zwischen zweigeschlechtlicher Fortpflanzung und agamer Cytogonie seine Grundlage. Dieser Generationswechsel war schon beim Übergang der einzelnen Sporozoengruppen zum Parasitismus vorhanden und wurde den speziellen Bedürfnissen der parasitischen Lebenweise angepaßt. Ähnliches gilt für die Pilze.

Bei bestimmten metazoischen Parasiten tritt sekundärer Generationswechsel auf. Dieser ist abgeleitet (bei Metagenese wechselt ungeschlechtliche Vermehrung durch vielzellige Stadien, bei Heterogonie rückgebildete zweigeschlechtliche Fortpflanzung mit normaler zweigeschlechtlicher Fortpflanzung).

Metagenese kommt selten vor. Bei Bandwürmern: *Multiceps, Echinococcus, Alveococcus* und andere vermehren sich auf dem Larvenstadium (*Coenurus* beziehungsweise Hülsenwurmblase o. a.) vegetativ. Von der Muttersporocyste mancher Trematoden sind einfache Teilungen (2- bis 3fach) bekannt.

Heterogonie ist für die Entwicklung der Trematoden (Digenea) typisch: Parthenogenetische Generationen in den Molluskenwirten wechseln mit einer zweigeschlechtigen Generation in den Wirbeltierwirten ab.

3.2.1. Translatorischer Wirtswechsel

Für den Übergang der Parasiten von Wirt zu Wirt, der ja ihre Kontinuität als Gesamtpopulation und Art sichern muß, stehen schon bei Parasiten ohne Wirtswechsel grundsätzlich zwei verschiedene Wege zur Verfügung. Das Verlassen des alten Wirtes und das Erreichen des neuen geschieht entweder translatorisch (durch körperliches Zusammentreffen der beiden aufeinanderfolgenden Wirte, sei es kontaminativ, phägär oder inokulativ) oder disseminatorisch (durch Aussaat der für den nächsten Wirt bestimmten Parasitenformen ins Freie). Unter diesem Gesichtspunkt des Befalls des nachfolgenden Wirtes (gleich ob bei Parasiten mit oder ohne Wirtswechsel) können die Wirte allgemein in Translatoren (i. w. S.) und Disseminatoren eingeteilt werden. Auch eine Kombination beider Möglichkeiten kommt vor (z. B. bei der Übertragung krankheitserregender Bakterien). In engerem Sinne gebrauchen wir nachfolgend den Begriff des Translators bei wirtswechselnden Parasiten.

Die Ursachen für den Übergang einer Parasitenart zum Wirtswechsel sind verschieden. Eine wichtige Triebkraft ist die Erleichterung beim Erreichen des „eigentlichen" (meist primären) Wirtes durch Erwerb von „Überträgern".

Der Überträger vermittelt den Befall des bisher alleinigen Wirtes; solcher Wirtswechsel entstand mit der Herausbildung bestimmter Übertragungsbeziehungen (ökologischer Aspekt). Wir nennen diesen Wirtswechseltyp den translatorischen. Er kann in der Evolution mit Entwicklungseigentümlichkeiten (darunter Generationswechsel, z. B. bei Sporozoen) gekoppelt werden.

Der Überträger in diesem phylogenetisch-ökologischen Sinne (wir bezeichnen ihn als Translator i. e. S.) ist phylogenetisch meist (aber nicht immer) zwischen 2 ursprünglich direkt aufeinanderfolgende (primäre) Wirte eingeschaltet worden. Auch ein primärer Wirt kann Translator werden. In der Evolution kann sich die Entwicklung der Parasiten bei beiden Wirten stark verschieben, so daß die ursprüngliche Beziehung primär-sekundär in Verbindung mit der Übertragungsfunktion nicht mehr ins Auge fällt. Die (nur von der Genese her zulässige) Vorstellung vom „eigentlichen" Wirt hilft dann nicht.

Die Trypanosomatidae sind ursprünglich Darmparasiten von Arthropoden und anderen Wirbellosen. Der Übergang auf den Milchsaft von Pflanzen sowie auf Blut, andere Körperflüssigkeiten und Zellen der Wirbeltiere erfolgte mit dem Übergang der primären wirbellosen Wirte zum Blutsaugen oder von Pflanzensäften; dabei bildete sich ein Wirtswechsel heraus. Vielfach ist der heutige Articulatenwirt der Trypanosomatidae auf den ursprünglichen Wirt zurückzuführen. Entwicklung und Vermehrung im Articulatenwirt laufen dabei in charakteristischer Weise ab.

Innerhalb der Blutsporozoen finden wir eine ursprüngliche Form der Übertragung bei *Schellackia bolivari* (Abb. 11): Wirtswechsel zwischen Eidechsen und Milben. Schizogonie, geschlechtliche Fortpflanzung und Sporogonie (bei der sogleich Sporozoiten frei werden, ins Blut und in die Erythrozyten gelangen) finden im Körper der Eidechse statt. Die Milbe nimmt beim Blutsaugen die befallenen Erythrozyten auf; bei deren Verdauung im Darmepithel werden die Sporozoiten frei und sind invasionsreif. Sie werden auf eine Eidechse übertragen, wenn diese die Milbe frißt. Die Milbe ist historisch sekundär (mit dem Übergang zum Blutparasitismus) eingeschalteter Überträger ohne Vermehrung der Parasiten. Ähnlich verläuft die Entwicklung von *Lankesterella.*

Vom Übertragungsbedürfnis des Parasiten als Triebkraft bei der Entstehung des Wirtswechsels ausgehend, ist bei den Trypanosomatidae der Wirbeltierwirt ursprünglich phagärer Translator. Er erleichtert mit dem Übergang der Arthropodenwirte zum Blutsaugen die Übertragung auf weitere Individuen dieser Ausgangswirte, da er für sie Nahrungsobjekt ist. Umgekehrt ist es bei denjenigen Coccidien, wo der Arthropodenwirt ursprünglich phagärer Überträger (*Schellackia*, *Lankesterella*), später inokulativer Überträger ist, in den wesentliche Teile der Parasitenentwicklung verlagert wurden. Das „Übertragungsbedürfnis" ist aber nicht die einzige Triebkraft bei der Entstehung des Wirtswechsels. Hand in Hand damit ist die Anpassung an die entstehende parasitische Lebensweise der Articulaten ein wichtiger Faktor — sofern diese primäre Wirte sind. Bei sekundärer Einschaltung von Articulaten wird deren Parasitismus oder Temporärparasitismus durch die übertragungsbedürftigen Blutparasiten genutzt. Diese sind damit nicht nur „Hyperparasiten" (Parasiten von Parasiten), sondern sie profitieren auch vom Parasitismus ihrer Wirte. Die Überträgerfunktion ist also in manchen Fällen ohne Kenntnis der phylogenetischen Zusammenhänge nicht mehr eindeutig festzustellen, und der phylogenetisch-ökologisch definierbare Begriff unterliegt dadurch einer Relativierung, um so mehr, wenn sich die Verhältnisse in der Phylogenese umkehren.

Bei den Trypanosomen als ursprünglichen Parasiten von Arthropoden traten später Wirbeltiere als Translatoren hinzu. Die Vertreter der *vivax*-Gruppe, *congolense*-Gruppe und *brucei*-Gruppe verloren jedoch ihren ursprünglichen Arthropodenwirt und erwarben einen neuen (Tsetsefliegen). So wurde durch Erwerb eines neuen Translators der ehemalige Translator zum Rezipienten.

Neben dem ganz allgemeinen (i. w. S.) oder dem phylogenetisch-ökologischen (i. e. S.) Begriff des Überträgers (Translator) wird der Terminus „Überträger" auch in der Epidemiologie angewandt; diesen anthropozentrischen Überträgerbegriff nennen wir V e k t o r (S. 137). Meist sind

Translatoren und Vektoren identisch. Vektor ist der für den Menschen weniger wertvolle oder unwichtigere von 2 in Frage stehenden Wirten (Mensch, Nutztiere oder Nutzpflanzen sind nie Vektoren, obwohl sie bisweilen Translatoren sind). Epidemiologisch sind die Triatominen Vektoren (sie übertragen die Erreger der Chagaskrankheit auf den Menschen), objektiv sind diese Raubwanzen ursprüngliche und „eigentliche“ Wirte (der Parasit *Trypanosoma cruzi* bedarf nicht unbedingt des Wirtswechsels), die Säugetiere sind Translatoren.

3.2.2. *Formen der Übertragung durch Translatoren*

„Übertragung durch Translatoren“ (im Unterschied zum allgemeinen Begriff der Übertragung, S. 127) ist Transport oder körperliche Vermittlung von Parasiten an einen Rezipienten (Zielwirt) durch einen Translator (Überträgerwirt). Der Translator erhält die Parasitenformen von einem Spenderwirt (Donator) oder aus dem Freien. Die zu übertragenden Parasiten, der Translator und gegebenenfalls der Spenderwirt wirken beim Befall des Translators aktiv mit oder sind passiv. Donator und Rezipient können zur gleichen Wirtskategorie gehören oder verschieden sein. Nach dem Anpassungsgrad des Überträgers sind anadaptive und adaptive Übertragung zu unterscheiden.

Anadaptive Übertragung ist fakultativ; sie ist durch einen mehr oder weniger zufälligen Transport von Parasiten gekennzeichnet. Das Verhältnis zwischen Parasit und Translator gleicht der Epökie, Entökie, Zoochorie, Phoresie, es gibt im allgemeinen keine gegenseitige Anpassung.[1])

Der Translator ist hier ein Transportwirt. Man findet daher auch die Bezeichnung phoretische, akzidentelle, unspezifische, azyklische oder mechanische Übertragung. Nicht zu verwechseln

[1]) Bei Phoresie kann einseitige Anpassung des Phoreten an das Transporttier vorliegen.

ist mit diesen lockeren Formen der Übertragung der ebenfalls fakultative paratenische Parasitismus bei Helminthen (S. 69, 84), der auf einer höheren Stufe steht (dort echte Penetration des paratenischen Wirtes, hier oberflächliches äußeres Haften oder Darmpassage). Die Translation von kontaminiertem Material auf anderes Material ist stets fakultativ. Bei der anadaptiven Übertragung haften die Parasiten außen am Überträger (ektohaptisch) oder passieren seinen Darm unverändert (entotransitiv). Bei entotransitiver Übertragung bleiben die Parasiten nur kurz im Translator; auch bei ektohaptischer Übertragung haften sie nur begrenzt: nichtpersistentes (transitives) Vorhandensein von Parasiten. Bakterien, Pilze (Sporen), Viren, z. T. Protozoen, einige Nematoden und andere Helminthen, selbst Arthropoden werden so übertragen und verbreitet. Die anadaptive Übertragung steht am Anfang der Herausbildung von Übertragungsbeziehungen. Sie überschneidet sich mit der Verbreitung von Parasiten durch solche Transportwirte, die die Parasiten (und andere Gäste) nicht zu einem Zielwirt bringen, sondern ins Freie (Phoresie, Zoochorie). Der Begriff des Transportwirtes ist also umfassender als der des Translators.

Adaptive Übertragung ist meist obligat (nicht obligatorisch ist paratenischer Parasitismus bei Helminthen, S. 84); sie erfolgt mehr oder weniger regelmäßig, Parasit und Translator sind in verschiedenem Grade aneinander angepaßt. Es liegt ein echtes Wirt-Parasit-Verhältnis vor. In manchen Fällen kann der Überträger erkranken. Kennzeichnend für die auch als essentiell, zyklisch oder spezifisch bezeichnete adaptive Übertragung ist die Entwicklung und/oder Vermehrung der Parasiten im Translator.

Die Parasiten sind längere Zeit oder zeitlebens im Überträger nachweisbar (persistente oder zirkulative Parasitenformen). Ist im Überträger eine Entwicklung zu besonderen Übertragungsformen der Parasiten notwendig, so sind die frisch in den Translator gelangten Formen noch nicht übertragungsfähig (Entwicklungszeit bis zur Ausbildung übertragbarer Parasitenformen: Celations- oder Zirkulationszeit). Der Fortschritt für die Übertragungsaussichten beim Übergang von anadaptiver zu adaptiver Übertragung ist im Dauerbefall der Überträger als Befallsquelle der Rezipienten zu sehen.

Bei anadaptiver oder adaptiver Übertragung gibt es im einzelnen folgende Übertragungsformen.

1. Kontaminative Übertragung: Die Parasiten gelangen durch Exkremente des Überträgers, durch Zerquetschen oder Berühren desselben an den nächsten Wirt. Vorstufe dafür ist die Kontaktinvasion von Wirtsindividuum zu Wirtsindividuum. Durch Kontakt (taktil) übertragbare Parasiten (Bakterien, Viren, z. T. Protozoen) bieten sich oft für die kontaminative Übertragung an. Sie ist meist fakultativ. Nur selten sind kontaminative Überträger obligat; dann ist es oft schwierig festzustellen, ob es sich um Translatoren oder Vektoren handelt. Vgl. S. 60.

2. Perorale oder phagäre Übertragung: Der Überträger wird vom nächsten Wirt gefressen. So wie vielfach am Beginn des Übergangs zur parasitischen Lebensweise die Phoresie – Epökie – Entökie stand, geschah auch der Erwerb von Überträgern. Mit dem parasitären Leben erwuchs für die Parasiten die Notwendigkeit, den Weg ihrer Verbreitungsformen zum nächsten Wirt sicherzustellen. Enorme Steigerung der Fruchtbarkeit gleicht Verluste auf diesem Wege aus. Eine Verfeinerung der Anpassung bei dieser Aufgabe ist der Erwerb von Überträgern, die den Transport der Verbreitungsformen in den nächsten Wirt übernehmen. Verbreitungsstadien (Sporen, Eier, Larven und ähnliches) sind z. B. passiv in oder an bestimmte Tiere gelangt, die Beutetiere der primären Wirte sind. So wurde der Weg zum nächsten Wirt erleichtert, es erfolgten Spezialisierung und Anpassungen der Parasiten, in deren Ergebnis der Überträger obligat für den Lebenszyklus wurde. Bei der zufälligen oder anadaptiven Übertragung (ohne eigentliches Parasit-Wirt-Verhältnis) liegen Transportwirte vor, bei der adaptiven peroralen Übertragung, sofern sie obligat ist, echte Parasitenwirte. Parasitenwirte sind Wirte, mit denen ein Parasit-Wirt-Verhältnis besteht. Perorale Übertragung durch obligate Translatoren ist vor allem bei Helminthen (einschließlich Pentastomiden) verbreitet.

In einem Helminthenzyklus treten bisweilen 2 Translatoren auf (z. B. bei bestimmten Bandwürmern): Der Ausgangswirt ist zunächst Donator, dann kommt (nach einer Außenweltphase des Parasiten) ein Translator, der auf einen Rezipienten (und späteren Donator) überträgt, der dann seinerseits als Translator wirkt und auf den Ausgangswirt als Rezipienten überträgt, womit sich der Kreislauf schließt. Bei einigen Cestoden fiel in der Phylogenese der Ausgangswirt weg und seine Rolle wurde von dem 2. Translator übernommen. Phagäre Übertragung kommt auch bei den Coccidien *Aggregata* und *Schellackia* vor. Bei Viren, Bakterien, Protozoen erfolgt eine Vermehrung im phagären Überträger. Bei Helminthen tritt im wesentlichen nur bei einigen Cestoden eine (vegetative) Vermehrung im Translator auf. Besondere Invasionslarven suchen vielfach schon beim Zyklus ohne Überträger aktiv ein Milieu auf, das die Erreichung des Wirtes erleichtert (ursprünglich Orte bestimmter Temperatur, Beleuchtung, Feuchte usw., später Gras bei herbivoren Wirten, Schalen von Schnecken und Muscheln bei molluskenfressenden Wirten und schließlich die Nahrungstiere bei fleischfressenden Wirten). Diese Translatoren können aber auch selbst phagär erworben sein.

3. Inokulative Übertragung: Der Überträger vermittelt den Parasitenbefall durch Biß oder Stich (Mundwerkzeuge; im Sonderfall der Parasitoide: Legestachel oder ähnliches): höchste Form der adaptiven Übertragung. Die Parasitenformen werden aus dem Innern des Körpers durch Speichel, aus Mundteilen oder aus dem Vorderdarmbereich in oder auf den nachfolgenden Wirt übertragen. Der Austritt der Parasiten aus dem Überträger wird Evasion genannt. (Vgl. S. 138.)

3.2.3. Disseminatorischer Wirtswechsel

Bei einem anderen Wirtswechseltyp überwiegt der Gesichtspunkt der „Ablösung“ eines Wirtes durch einen anderen (Ursache ist nicht vordergründig eine Erleichterung auf dem Wege zu einem „eigentlichen“ Wirt, sondern liegt im Entwicklungsrhythmus und in den Lebensansprüchen des Parasiten). Solcher Wirtswechsel ist z. B. der

Wechsel zwischen Parthenitaewirt (Mollusken) und Adultuswirt (Wirbeltiere) der Trematoden oder zwischen Aecidiosporenwirt und Teleutosporenwirt der Rostpilze, wo er mit Generationswechsel der Parasiten gekoppelt ist. Wir nennen diesen Typ daher generationswechselbedingten Wirtswechsel. Ein „Übertragungsbedürfnis“ als Triebkraft der Entstehung ist aus heutigen Verhältnissen nicht abzuleiten. Der eine Wirt ist für den anderen Befallsquelle, aber nicht Überträger (für die Aufeinanderfolge der Wirte ist ihr körperliches Zusammentreffen nicht erforderlich, oft ist ein solches gar nicht möglich).

Solcher Wirtswechsel ist phylogenetisch alt. Er läßt sich bei manchen Rostpilzen bis ins Mesozoikum hinein verfolgen (seine Entstehung steht mit dem Vordringen aus den Tropen in kühlere Klimate und dem Übergang vom Wald in Grasland in Verbindung). Dabei spielte offenbar der Übergang auf neue Wirte insgesamt eine Rolle (tropische Farne im jüngeren Paläozoikum, Gymnospermen im Mesozoikum, Angiospermen seit der Oberkreide). Bei den Trematoden war die Entstehung des generationswechselbedingten Wirtswechsels kompliziert (kein Übertragungsbedürfnis, sondern Zufall und Gelegenheit oder Dispersionsbedürfnis. Der generationswechselbedingte Wirtswechsel der Digenea ist nach GINECINSKAJA etwa an der Grenze zwischen Trias und Jura entstanden.

Weder translatorisch noch generationswechselbedingt ist ein Wirtswechseltyp, der bei ektoparasitischen Isopoden (Epicariden) auftritt (die ersten Larvenstadien schmarotzen an einem anderen Wirt als die Adulti). Dieser ektoparasitische Typ ist mit der Heteroxenie mancher Zecken (S. 16, 57) verwandt, die aus dem temporärparasitischen Polyhospitalismus abzuleiten ist.

3.2.4. Tri- und Tetraheteroxenie, paratenischer Parasitismus

Obligate 3- und 4-Wirte-Zyklen gibt es im wesentlichen nur bei Helminthen. Sie sind von 2-Wirte-Zyklen abzuleiten. Bei den Trematoden (Digenea) ist der stets sekundär hinzugekommene 2. Zwischenwirt (zum Begriff Zwischenwirt s. S. 83) ein phagärer Translator. Seine Einschaltung erleichterte und sicherte den Übertragungsweg ähnlich wie beim Erwerb eines Translators im Zuge der Entstehung von 2-Wirte-Zyklen. Die 1. Zwischenwirte (Mollusken) sind die ursprünglichsten, dann folgen die Endwirte (Wirbeltiere); als phagäre Überträger (2. Zwischenwirte) traten Wirbellose, darunter auch wieder Mollusken, oder Wirbeltiere hinzu. Die Anpassung an 2. Zwischenwirte erfolgte bei Trematoden in Anlehnung an die Nahrungsgewohnheiten der Endwirte, aber oft unter engerer Spezialisierung (bei Endwirten mit breitem Nahrungsspektrum).

So benutzen die Trematoden fischfressender Vögel oft nicht alle Nahrungsfische ihrer Endwirte als 2. Zwischenwirte, da sie an bestimmte Fischgruppen oder -arten angepaßt sind. Änderungen in den Nahrungsgewohnheiten der Endwirte bzw. Verschiebungen im Endwirtsspektrum haben bisweilen zur Folge, daß die heutigen 2. Zwischenwirte ungünstig, bisweilen „unzweckmäßig" für das Erreichen der Endwirte sind. In wenigen Fällen werden bei einer hochspezialisierten Ordnung (Strigeida) solche Entwicklungen durch die Ausbildung der Tetraheteroxenie (*Strigea* – Abb. 3) oder durch Erwerb paratenischer Potenzen bei Invasionslarven (*Alaria*, *Neodiplostomum*, *Pharyngostomum*) kompensiert, was z. T. eine Wirtskreiserweiterung bei den Endwirten ergibt. Bei Tetraheteroxenie ist der 2. Zwischenwirt phagärer Überträger für den 3. Zwischenwirt, dieser phagärer Überträger für den Endwirt. Bei fakultativer Zykluserweiterung durch paratenische Wirte von Trematoden ist der 2. Zwischenwirt potentieller phagärer Überträger für einen oder mehrere hintereinander geschaltete paratenische Wirte, die wiederum potentielle Überträger für den Endwirt sind.

Bei den Cestoden ist die Interpretation der Entstehung des 3-Wirte-Zyklus schwierig. Man kennt Fälle, in denen der heutige Endwirt aus dem historischen Translator (2. Zwischenwirt) entstanden ist, und Fälle, in denen 1. und 2. Zwischenwirt vereinigt wurden. Im Prinzip ist der 1. Zwischenwirt phagärer Überträger für den 2. Zwischenwirt und dieser für den Endwirt. Auch hier sind sekundär

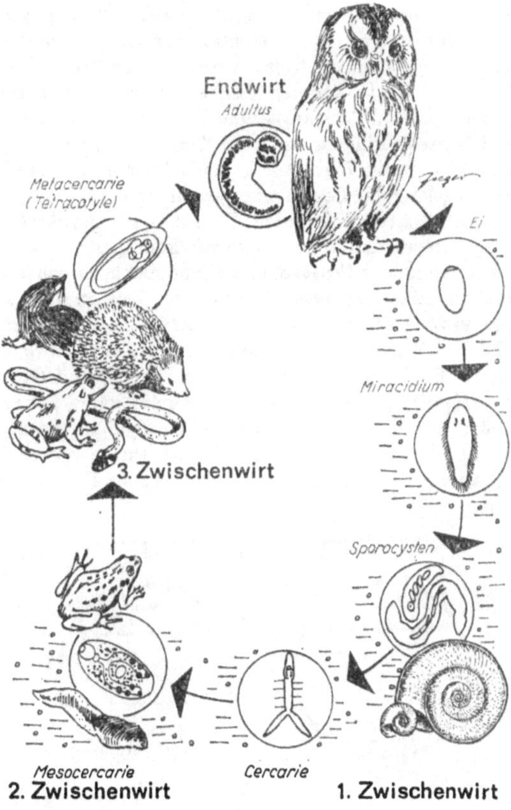

Abb. 3. Obligater 4-Wirte-Zyklus von *Strigea strigis* (nach ODENING 1967)

fakultative Zykluserweiterungen durch die Einschubmöglichkeit paratenischer Wirte (die vom 2. Zwischenwirt aus phagär befallen werden) hinzugekommen. Manche sehen in Wirbellosen, andere in Wirbeltieren die primären Wirte der Cestoden.

Nach JOYEUX & BAER wären die Cestoden in Fischen zu Parasiten geworden. Ein Teil wäre zuerst in die Leibeshöhle gelangt, um dem ungewohnten Milieu des Fischdarms zu entgehen. Manchmal sei dabei die Entwicklung der Cestodenvorfahren zum Stillstand gekommen, was zur Entstehung der Larvenformen führte. Die Entwicklung konnte abgeschlossen werden, wenn die betreffenden Fische Beute anderer Fische wurden. Somit wäre der Translator vor dem Ausgangs- und Zielwirt entstanden. Damit lag ein 2-Wirte-Zyklus zwischen Fischen als Zwischenwirten und Fischen and anderen Wirbeltieren als Endwirten vor. Andere der in Fische gelangten Cestodenvorfahren wären im Darm von Fischen geschlechtsreif geworden. Die auf den Boden der Gewässer gelangten Eier wurden in der Folge von koprophagen Wirbellosen wie Oligochäten oder Crustaceen aufgenommen, in denen es zum Entwicklungsstillstand nach bestimmter Zeit und damit zur Entstehung von Larvenformen kam. Das führte zur Herausbildung eines 2-Wirte-Zyklus mit Wirbellosen als Zwischenwirten und Fischen als Endwirten. Falls es in den Fischen (auf Grund von Wirtsreaktionen) nicht zur Geschlechtsreife kam, bot sich die Möglichkeit zur Entstehung eines 3-Wirte-Zyklus (wie heute für Pseudophyllidea typisch). Dieser Zyklus wurde später in Anpassung an den Erwerb anderer Wirbeltiere als Endwirte wieder reduziert.

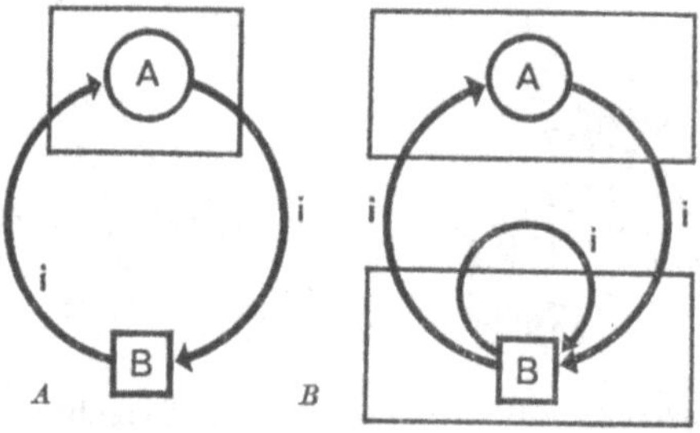

Abb. 4. Generationswechsel. *A*: Generationstyp A im Wirt (Rechteck) wechselt mit Generationstyp B im Freien; *B*: Wirtswechsel der Rostpilze, von Generationstyp A aus obligat, von B aus fakultativ; i = Individualentwicklung (Original)

Bei den wenigen Nematoden mit 3-Wirte-Zyklen (bestimmte Ascaridata) läßt sich die Entstehung der Triheteroxenie ähnlich deuten wie bei Pseudophyllidea: In Fische gelangte Nematoden erreichten zunächst keine Geschlechtsreife, sondern blieben als Drittlarven dort, bis sie in andere Fische gelangten, bei denen sie geschlechtsreif wurden. Die Eier wurden dann von Wirbellosen aufgenommen, in denen nur eine Entwicklung bis zur Zweitlarve stattfindet. Auch hier setzte später mit dem Erwerb terrestrischer Endwirte eine Reduktion der Triheteroxenie ein (die hier bis zu sekundärer Homoxenie führt). Es ist aber auch ein sekundärer Erwerb beider Translatoren denkbar.

Paratenische Wirte (S. 84) haben unterschiedliche Bedeutung bei der Herausbildung von heteroxenen Helminthenzyklen. Während sie bei Trematoden Neuerwerbungen bei schon bestehender Triheteroxenie sind, könnten sie bei einigen Acanthocephalen und Cestoden prospektive Zwischenwirte sein (dies trifft weniger für euparatenische als für para-paratenische und manche metaparatenische Wirte zu). Viele metaparatenische Wirte waren ehemals Zwischenwirte. Es ist wahrscheinlich, daß die Entstehung des Parasitismus bei Helminthen vielfach über dem paratenischen Parasitismus ähnliche Parasitierungsformen erfolgte.

3.3. Variable Lebenszyklen

3.3.1. Begriff des Lebenszyklus

Der Begriff des Lebenszyklus umfaßt verschiedene Entwicklungsebenen. Es gibt folgende Hauptformen: 1. Einfacher Entwicklungskreis (ohne Generationswechsel) von einem Stadium bis zu demselben Stadium in der nachfolgenden Generation (einfache Aufeinanderfolge gleicher Generationen: homogene Generationenfolge, Abb. 2). 2. Generationszyklischer Entwicklungskreis (bei Generationswechsel; generationszyklisch-heterogene Generationsfolge, Abb. 6) von einem Stadium in einer bestimmten Generation bis zu demselben Stadium in der gleichen Generation (die nicht die nachfolgende, sondern frühestens die übernächste ist). 3. Zyklische

Folge von einfachen Entwicklungskreisen [auch „asexueller Generationswechsel" genannt: formenzyklisch-heterogene Aufeinanderfolge von morphologisch und/oder physiologisch verschiedenen Generationen oder Generationsfolgen (Abb. 5), mit Generationswechsel kombiniert

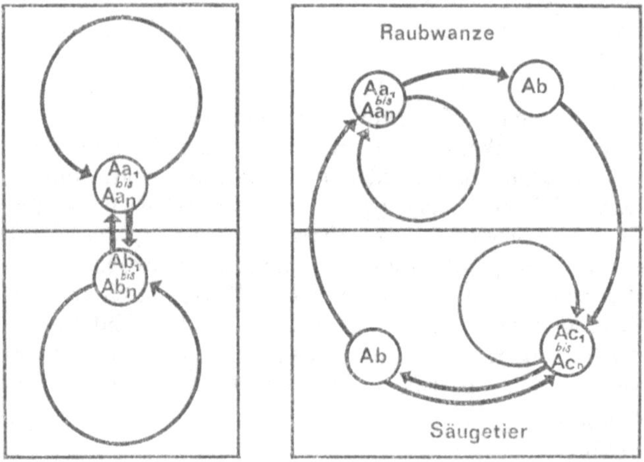

A *B*

Abb. 5. Folge von formenzyklisch-heterogenen Generationen. *A*: heteroxene Viren, Rickettsien, Spirochäten (Unterschied Aa und Ab nur durch den Wirt erkennbar); *B*: *Trypanosoma cruzi* (Aa epimastigote Form, Ab trypomastigote Form, Ac amastigote Form) (Original)

(Abb. 6) oder nicht]. 2. und 3. sind „überindividuelle" Lebenszyklen. — Von diesen Lebens- oder Entwicklungszyklen verschiedener Ebene ist die Individualentwicklung (von der Entstehung des Individuums bis zu dessen Ende) zu trennen. Zu den Begriffen des Übertragungszyklus (Wirtsfolge- oder Wirtswechselzyklus) und des Zirkulationszyklus (Reservoirfolgezyklus) vgl. S. 127, 141; sie sind jeweils charakteristisch mit den Entwicklungszyklen gekoppelt.

Viele Helminthen ohne Generationswechsel (homoxene wie auch heteroxene) pflanzen sich in einfachen Entwicklungskreisen fort. Möglicherweise gilt dies auch für manche Viren, Bakterien

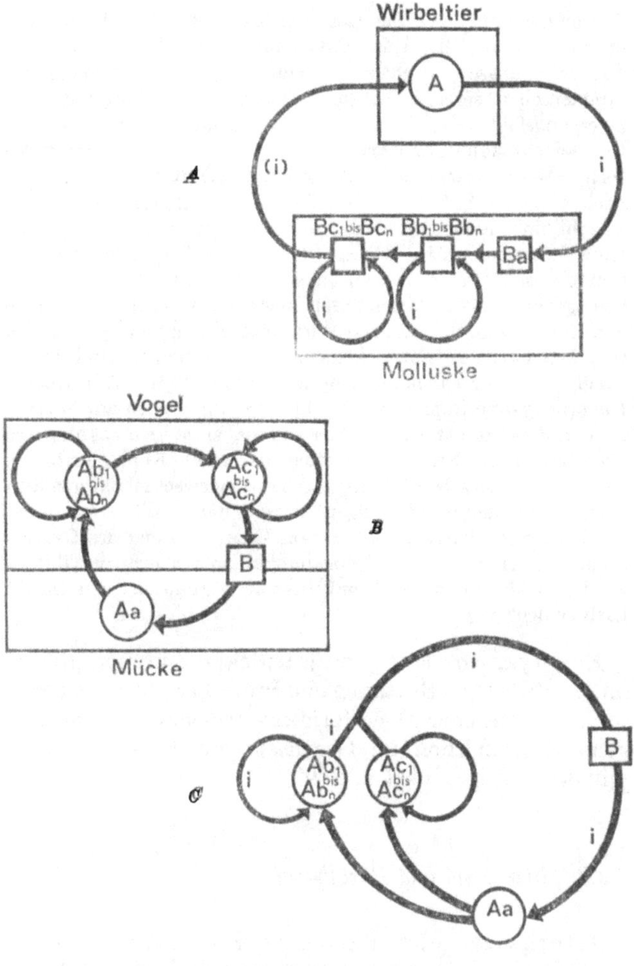

Abb. 6. Kombination von formenzyklisch-heterogener Generationenfolge und Generationswechsel. *A*: Trematoda (A zweigeschlechtiger, B parthenogenetischer Generationstyp, z. B. Ba Muttersporocyste, Bb Mutterredien, Bc Tochterredien); *B*: *Plasmodium praecox* (Aa Sporozoiten, Ab Makroschizozoiten, Ac Mikroschizozoiten, B Gameten); *C*: *Dobellia* (Makro- und Mikroschizogonie laufen von Anfang an parallel) (Original).

und einige Protozoen. Bei Generationswechsel (S. 57) lösen sich im einfachsten Fall 2 (hinsichtlich ihrer Fortpflanzungsart oder ihrer Kernphase) verschiedene Generationen ab und bilden zusammen einen einheitlichen (unteilbaren) Entwicklungskreis. Ein Übergangsfeld zu solchem obligaten, regelmäßigen Generationswechsel ist fakultativer Generationswechsel (z. B. bei vielen Protozoen). Meist treten zum (obligaten) Generationswechselzyklus noch einfache Entwicklungskreise (in gesetzmäßig festgelegter Anzahl und Reihenfolge oder fakultativ in Abhängigkeit von Umweltfaktoren). Abb. 6 zeigt verschiedene Typen von Generationswechsel, der in verschiedener Weise mit einer Serie von homogenen Entwicklungskreisen oder einer zyklischen Folge von Entwicklungskreisen und Wirtswechsel kombiniert ist. Dabei sind 2 Gruppen zu unterscheiden. 1. Generationswechsel durchgängig in 2 Wirten: heteroxene Sporozoen, digene Trematoden. Die propagative Reproduktion bildet im allgemeinen nur Formen für den Befall des anderen Wirtes aus (daher ist kein fakultatives oder temporäres Selbständigwerden der einen Komponente des Generationswechsels möglich). 2. Generationswechsel nur von dem einen Wirt ausgehend obligat, vom anderen Wirt aus durch homogen-propagative Reproduktion Unterbrechung des Generationswechsels möglich (Fortpflanzung in einfachen Entwicklungskreisen; viele Rostpilze). Damit liegt bereits eine Art von „Alternativzyklen" vor.

Eine zyklische Folge von Entwicklungskreisen gibt es im Ansatz bei den Bakterien und Protozoen mit besonderen propagativen oder Dauerformen (formenzyklisch-heterogene Reproduktion im Gegensatz zur homogen-multiplikativen Reproduktion, S. 93).

3.3.2. Alternativ- und Parallelzyklen

Alternativ- und Parallelzyklen sind Lebenszyklen von Parasiten, in denen fallweise (alternierend) oder ständig (parallel) Formen verschiedenen Typs (verschiedener Größe, verschiedener morphologischer Ausprägung und/oder verschiedener Lebens- und Entwicklungsansprüche) aus eigenem Entwicklungsrhythmus heraus (obligat) oder auf Umwelteinwirkungen hin (fakultativ) gebildet werden.

1. Alternativzyklen (CAMERON 1956). Wohl überwiegend fakultative Alternativzyklen gibt es bei vielen Rostpilzen. Die Generationen der Uredinales pflanzen sich alternativ homogen-propagativ (durch Uredosporen) oder heterogen-propagativ (durch Teleutosporen) fort; es gibt 2 Fortpflanzungsmöglichkeiten (Abb. 4b), von denen entweder die eine oder die andere realisiert wird. Bei Rostpilzen scheint die Bildung der Teleutosporen durch das Ende der Vegetationsperiode der „Sommerwirte“ induziert zu werden. Ähnlich ist es bei einigen Nematoden (z. B. *Strongyloides*), wo eine freilebende zweigeschlechtige Generation sich entweder homogen-propagativ fortpflanzt (ihresgleichen hervorbringt) oder heterogen-propagativ eine parasitische Generation anderen Typs erzeugt (Abb. 7a). Zumindest in einigen dieser Fälle veranlassen bestimmte Umweltverhältnisse die eine oder andere Entwicklung. Alternativzyklen sind nur teilweise mit Generationswechsel verbunden. Nicht jeder Generationswechsel von Parasiten ist mit Alternativzyklen gleichzusetzen (dies nur bei fakultativem Generationswechsel). Trotzdem gibt es Beziehungen zwischen Generationswechsel, Alternativ- und Parallelzyklen sowie dem Problem der polymorphen Arten und der „zyklischen Folge von Entwicklungskreisen“, was hier angedeutet sei.

Bei *Gymnophallus choledochus* ist der verkürzte alternative „Winterzyklus“ sekundär, er dient der Wirtskreiserweiterung (Abb. 7c). Bei *Metagonimoides oregonensis* scheinen 3 Stämme mit verschiedenen Zyklen vorzuliegen, die an 3 verschiedene Arten von Molluskenwirten gebunden sind: 1. ein normaler 3-Wirte-Zyklus mit freischwimmenden Cercarien, 2. ein reduzierter Zyklus mit 2 Wirten, bei dem 1. und 2. Zwischenwirt zusammenfallen und 3. Alternativ- oder Parallelzyklen (sukzessive oder gleichzeitige Kombination von 1. und 2.). – Eine andere Möglichkeit alternativer Entwicklung gibt es bei manchen Helminthen durch Neotenie (z. B. bei dem Hakensaugwurm *Polystoma*, einigen Cestoden und Trematoden).

Bei heteroxenen Viren, Rickettsien und Spirochäten kann man annehmen, daß der Wirtswechsel (wegen der großen Verschiedenheit der Wirte: Wirbellose und Wirbeltiere beziehungsweise Pflanzen) mit einer Änderung von (nichtmorphologischen) Eigenschaften der Parasiten ein-

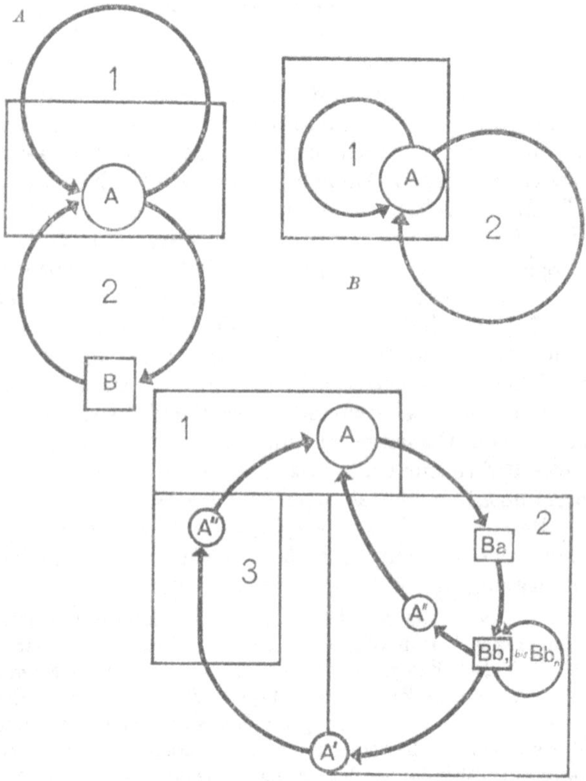

Abb. 7. *A*: Alternativzyklen ohne (1) oder mit Generationswechse l(2) zwischen parasitischem (A) und freilebendem Generationstyp (B); *B*: Parallelzyklen mit multiplikativer (1) und propagativer Fortpflanzung (2); *C*: Trematodenzyklen ohne (1, 2) und mit (1, 2, 3) freischwimmender Cercarie (A′); A″ = Metacercarie (Original)

hergeht: zyklische Folge von Entwicklungskreisen (Abb. 5a). Diese Folge ist aber nicht immer vom Entwicklungsrhythmus der Parasitengenerationen her obligat, was z. B. die transovariale Übertragung von Rickettsien oder Anaplasmen von Avertebratenwirt zu Avertebratenwirt beweist. Insofern gäbe es hier fakultative Alternativzyklen. Allerdings sind gegenwärtig die Kenntnisse über den Lebenszyklus von Viren und Bakterien noch ungenügend. Vielfach wird davon ausgegangen, daß nur eine Individualentwicklung und einfache Entwicklungskreise vorliegen. Das Zusammenleben von Phagen- und Bakterienpopulationen läßt indessen auf eine zyklische Folge von Entwicklungskreisen bei Bakteriophagen schließen (eine lytische parasitoidische Generationsfolge wird von einer temperenten parasitischen abgelöst.)

Eine alternative Entwicklung ist auch in Abschnitten mancher Lebenszyklen gegeben (ohne prinzipielle Änderung des Gesamtzyklus). So hängt es vom Zusammenspiel verschiedener Faktoren ab, ob die Parthenitae mancher Trematoden Tochterparthenitae oder Cercarien produzieren.

2. Bei Parallelzyklen werden die verschiedenen Entwicklungsmöglichkeiten i. allg. gleichzeitig und obligat (manchmal vielleicht auch fakultativ) realisiert. Beim Wirt von *Tachygonetria vivipara* parasitieren 2 verschiedene Weibchenformen nebeneinander, die sich durch die Eientwicklung unterscheiden. Die eine ist ovipar, die abgelegten Eier verlassen den Wirt (propagative Reproduktion). Die anderen Weibchen sind larvipar, die Larven verbleiben im Wirt (multiplikative Reproduktion). Bei dem Nematoden *Thelandros tba* werden propagative und multiplikative Eiformen von ein und demselben Weibchen erzeugt (Abb. 7b). Ein Nebeneinander von propagativer und multiplikativer Reproduktion kommt auch bei Sporozoen vor (Abb. 6b,c). Die Ursachen für solche Parallelzyklen liegen im genetisch verankerten Entwicklungsrhythmus; bei Sporozoen kann indessen die Auslösung der (hier später einsetzenden) propagativen Reproduktion durch Wirtseinflüsse erfolgen.

Bei Sporozoen bezieht sich der „Parallelzyklus“ auf die gesamte Mikropopulation der Parasiten und nicht, wie der „Alternativzyklus“ bei den Parthenitae der Trematoden, auf die einzelne Generation. Der Unterschied liegt hier nicht so sehr im Zykluscharakter als in der einzelligen und mehrzelligen Natur der Parasiten. Daran wird deutlich, daß sich Alternativ- und Parallelzyklen ähneln und in bestimmten Bereichen überlappen.

Bestimmte fakultative Alternativzyklen spielen eine Rolle beim Übergang zur parasitischen Lebensweise, indem sie Entwicklungsmöglichkeiten bei verschiedenen Umweltbedingungen bieten. Parallelzyklen hingegen dürften sekundäre Anpassungen von Parasiten sein.

4. Wirtswechsel und Parasitenwirte

4.1. Wirtswechsel als Kategorie des Lebenszyklus

Parasiten ohne Wirtswechsel während der Individualentwicklung oder ihres Lebenszyklus sind homoxen (Homoxenie = Gleichwirtigkeit). Parasiten mit obligatem Wirtswechsel sind heteroxen (Heteroxenie = Verschiedenwirtigkeit); meist liegt Diheteroxenie vor (2-Wirte-Zyklus). Außer bei einigen Zecken gibt es nur bei vielen Trematoden, einigen Cestoden und wenigen Nematoden Triheteroxenie (3-Wirte-Zyklus) und bei wenigen hochentwickelten Trematoden Tetraheteroxenie (4-Wirte-Zyklus, Abb. 3). Diese Termini beziehen sich — wenn ein besonderer Hinweis fehlt — stets auf den obligaten Fall, in dem eine Parasitenart zur Vollendung ihrer Entwicklung oder zum vollen Durchlaufen ihres Lebenszyklus unabdinglich 2, 3 oder 4 verschiedene Wirte benötigt.

Die Entwicklung von der (ursprünglichen) Homoxenie zur Heteroxenie ist evolutionistisch ein bedeutender Schritt einer „Höherentwicklung“ (Spezialisierung und Anpassung) der Parasiten. Die Heteroxenie ist wie die Anpassung der Fruchtbarkeit an mögliche Verluste auf dem Wege zum Wirt eine Progression. Sie bedeutet ökologisch und evolutionistisch eine Komplizierung der ursprünglich zweipoligen Parasit-Wirt-Beziehung, aus der ein Drei- oder gar Vierecksverhältnis wird. Sekundär wird (bei einigen Helminthen) die Diheteroxenie zur Homoxenie reduziert (z. B. *Ascaris*), oder die Tri- zur Di- (Cestoden, einige Trematoden) bzw. die Tetra- zur Triheteroxenie (wenige Trematoden). Der Fortschritt dieser Reduktionen besteht z. T. im Fakultativwerden des komplizierten Zyklus, in anderen Fällen sind es Anpassungen an neue Nahrungsgewohnheiten der Wirte.

Bei Helminthen ergibt sich folgende Stellung der Homoxenie im Rahmen der Evolution der Lebenszyklen (ohne nähere Berücksichtigung von Veränderungen innerhalb der Heteroxenie):

primäre Homoxenie (Nematoden) (nichttranslatorisch = geohelminthisch)

↓ — wirtsadditiv

Heteroxenie
- translatorisch = biorezeptiv (Nematoden, Cestoden, Acanthocephalen; sekundär bei Trematoden)
- disseminatorisch (Trematoden)
- gemischt translatorisch/disseminatorisch (Trematoden)

↓ — wirtsreduktiv

sekundäre Homoxenie
- Autoheteroxenie (translatorisch; nach SUDARIKOV 1971 „semibiohelminthisch“)
- nichttranslatorisch (Nematoden wie *Ascaris*, Cestoden wie *Hymenolepis nana*; auch bei Trematoden)

Autoheteroxenie ist also eine von 2 möglichen Formen sekundärer Homoxenie, die wegen ihres translatorischen Charakters gleichzeitig einen Sonderfall der Heteroxenie darstellt (ein und dasselbe Wirtsindividuum ist nacheinander End- und Zwischenwirt: Trichine). In der Helminthologie ist mit „hetero“

die Verschiedenartigkeit der Wirtskategorien gemeint (zum obligat heteroxenen Zyklus der Helminthen gehören im allgemeinen End- und Zwischenwirt, aufeinanderfolgende Wirtskategorien, die verschiedene Entwicklungsstadien oder Generationen des Parasiten beherbergen). Verschiedenheit der Wirtskategorien bedeutet meist, aber nicht immer, verschiedene Artzugehörigkeit der erforderlichen Wirte (z. B. können 1. und 2. Zwischenwirt oder 2. Zwischenwirt und Endwirt zu einer Art gehören). Daher ist der Wirtswechsel bei bestimmten Zecken (der sich oft an Vertretern einer Wirtsart abspielt) Heteroxenie (wenn hier auch eine Beziehung zum nichtzyklischen Polyhospitalismus der Temporärparasiten besteht).

Verschiedenartigkeit von Wirtskategorien kann also auf Verschiedenheit der Parasitenentwicklung oder der Parasitengenerationen bei den einzelnen Wirten beruhen. Außer für heteroxene Helminthen gilt dies auch für heteroxene Protozoen, Pilze und Arthropoden. Schwierigkeiten bestehen bei den obligat wirtswechselnden Bakterien und Viren. Hier ist das Erfordernis zweier „verschiedener" (in diesem Fall = artverschiedener, meist systematisch weit voneinander entfernt stehender) obligater Wirte wie Tier – Pflanze, Wirbelloser – Wirbeltier allein das Kriterium der Heteroxenie.

Die Tatsache, daß bei manchen heteroxenen Helminthen ein und dieselbe Wirtsart als Wirt verschiedener Kategorien dienen kann, führte zum Begriff der *polyvalenten Wirte* (Božkov 1969).

Die *Wirtspolyvalenz* (von Sudarikov 1971 *Amphixenie* genannt) kann fakultativ oder obligat (Božkov) beziehungsweise isochron (d. h. potentiell gleichzeitig) oder heterochron (d. h. gesetzmäßig aufeinanderfolgend; Sudarikov) sein. Die beiden Merkmalspaare stehen in folgendem Verhältnis:

fakultativ → isochron
fakultativ ↘ heterochron
obligat → heterochron

Obligate polyvalente Wirte zeigen den sekundären Charakter von Lebenszyklen an (Verkürzung des Zyklus).

4.2. Die Wirte der Helminthen

Die Helminthologie ist Ausgangspunkt für den Versuch der angestrebten Verallgemeinerungen, da die Helminthen die vielseitigsten ökologischen Wechselbeziehungen, die am reichsten gegliederte Entwicklung und die kompliziertesten Wirtsbeziehungen unter allen Parasiten aufweisen.

Die Besonderheit der Helminthenentwicklung besteht darin, daß in augenfälliger Weise Entwicklungsperioden (Phasen) und „entwicklungsfreie" Perioden (sog. Wechselperioden nach SAVINOV, oft als Warte- oder Ruhestadien erkennbar) abwechseln. Mit „Entwicklung" sind die Prozesse der morphophysiologischen Differenzierung und Integration (die individuelle Aufwärtsentwicklung bis zu einem Endstadium) gemeint, nicht Vorgänge, die mit dem Altern und der Veränderung der Lebens- und Invasionsfähigkeit oder dem Abstoßen und Regenerieren von Körperteilen zusammenhängen, und auch nicht Reproduktionsvorgänge.

Neben die Entwicklungsperioden und Wechselperioden SAVINOVS stellen wir die Reproduktionsperiode, in der die Adulti oder parthenogenetischen Weibchen (einschließlich der Parthenitae der Trematoden) Vermehrungs- und/oder Verbreitungsformen produzieren. In der typischen Helminthenentwicklung geht der Reproduktionsperiode die Entwicklungsperiode des Präadultus voraus. Diese ist eine eigene Phase, denn ihre Umweltansprüche sind etwas anders (meist weniger speziell) als die des Adultstadiums. Das zeigen die „Fehlwirte", in denen keine Geschlechtsreife erreicht wird. Auf die Präadultphase ist die annähernd gleichlange oder längere Präpatentperiode zurückzuführen (Zeit bis zur Nachweismöglichkeit erster Propagationsformen).

SAVINOV unterschied in der Entwicklung (im weiteren Sinne) der Helminthen 2 Arten von Vorgängen:

1. „Stockende" (unterbrechbare) Prozesse (in erster Linie die morphophysiologische Differenzierung und Integration) und

2. ununterbrochene (nicht unterbrechbare) Prozesse (hauptsächlich Alterungsprozesse).

Die Reproduktionsperiode gehört zu dem 1. Typ der unterbrechbaren Entwicklung. Es scheint zweckmäßig, hier 2 verschiedene Entwicklungsarten zu beachten: a) morphophysiologische Differenzierung und Integration des Individuums im Sinne der „Aufwärtsentwicklung" bis zu einem „Endstadium", und b) Prozesse, die mit der Produktion von Verbreitungs- und/oder Vermehrungsformen verbunden sind. Diese Reproduktionsprozesse sind auch unterbrechbar. Vorübergehende Unterbrechungen der Reproduktionsperiode erfolgen z. B. bei der Substitution eines Adultuswirts durch einen Postzykluswirt. Auch Unterbrechungen der Reproduktionsperiode in demselben Wirt sind möglich (z. B. infolge Dispositionsänderung, Einwirkung von Medikamenten usw.).

Die Entwicklungsphase führt stets von einem Stadium zum anderen („Stadiogenie"). Die Adulti und Parthenitae in der Reproduktionsperiode führen nicht von einem (ontogenetischen) Stadium zum anderen, da sie das Endstadium der Ontogenese darstellen. Bei Generationswechsel handelt es sich um 2 oder mehr Ontogenesen, die im Rahmen eines Entwicklungs- oder Lebenszyklus ablaufen. Auf der Nichtbeachtung dieser Zusammenhänge beruht unter anderem die inadäquate Einschätzung der Parthenitaewirte der Trematoden, die sich in der üblichen Terminologie („Zwischenwirte") ausdrückt.

Savinov (1964) gliederte die Wirte der Helminthen (als ontogenetische oder Lebenszyklus-Kategorien) in stadiogene und nichtstadiogene Wirte. In stadiogenen Wirten spielt sich die Stadienentwicklung („Aufwärtsentwicklung") ab. Man kann diese Wirte deutsch als Entwicklungswirte im engeren Sinne bezeichnen. Hierzu gehören alle obligatorischen und ein Teil der fakultativen Wirte. In den nichtstadiogenen Wirten läuft keine „Aufwärtsentwicklung" ab. Sie sind sämtlich fakultativ (in Bezug auf die Ontogenese bzw. den Lebenszyklus). Es gibt auch nichtstadiogene Wirte (bestimmte Transportwirte), die nicht hinsichtlich der Ontogenese oder des Lebenszyklus, aber in bezug auf den ökologischen Zyklusablauf obligat sind (z. B. obligate Phoresie bei einigen Nematoden).

Obligate Parasitenwirte haben folgende Zyklusfunktionen:
1. Ermöglichung der Individualentwicklung von einem Parasitenstadium zum anderen (Stadiogenie) oder der zyklischen Entwicklung von einer Generation zu einer anderen und/oder der Fortpflanzung des Parasiten;
2. Ausübung der Zielfunktion: Träger der fertigentwickelten oder den Endabschnitt der Entwicklung darstellenden (invasionsreifen oder Verbreitungsformen produzierenden) Stadien oder Generationen zu sein (bei Transitwirten entfällt dies: Die Zielfunktion besteht dort in der Ermöglichung des Abgangs der Parasiten). Nur bei Parasiten mit prolongierter Stadienentwicklung (Metazoen, Protozoen, z. T. Pilze) sind die 1. und 2. Funktion des obligaten Wirtes zeitlich deutlich voneinander abzugrenzen; bei Viren und Bakterien sind sie schwieriger zu trennen.

„Obligat" ist hier nur ontogenetisch bzw. zyklusbezogen zu verstehen, nicht unter dem Gesichtspunkt der Ökologie, Epidemiologie oder Wirtsspezifität.

I. Obligate Wirte stellen das unumgängliche Minimum der stadiogenen Wirte im Lebenszyklus einer Helminthenart dar (SAVINOV) (Abb. 8).

1. Wirte homoxener Helminthen: Es gibt nur eine Wirtskategorie, den alleinigen (solitären) Wirt. Nach der Form des Parasitismus gibt es

1.1. Solitäre Adultuswirte: Stationärwirte (Dauerwirte) homoxener adulter Helminthen (viele Nematoden); Fortpflanzung zweigeschlechtlich oder parthenogenetisch.

1.2. Solitäre Larvenwirte: Transit- oder Durchgangswirte homoxener larvaler oder präadulter Helminthen. Die Larven verlassen ihren Wirt nach Erreichen einer bestimmten Entwicklungsstufe (z. B. Nematomorpha, Mermithoidea).

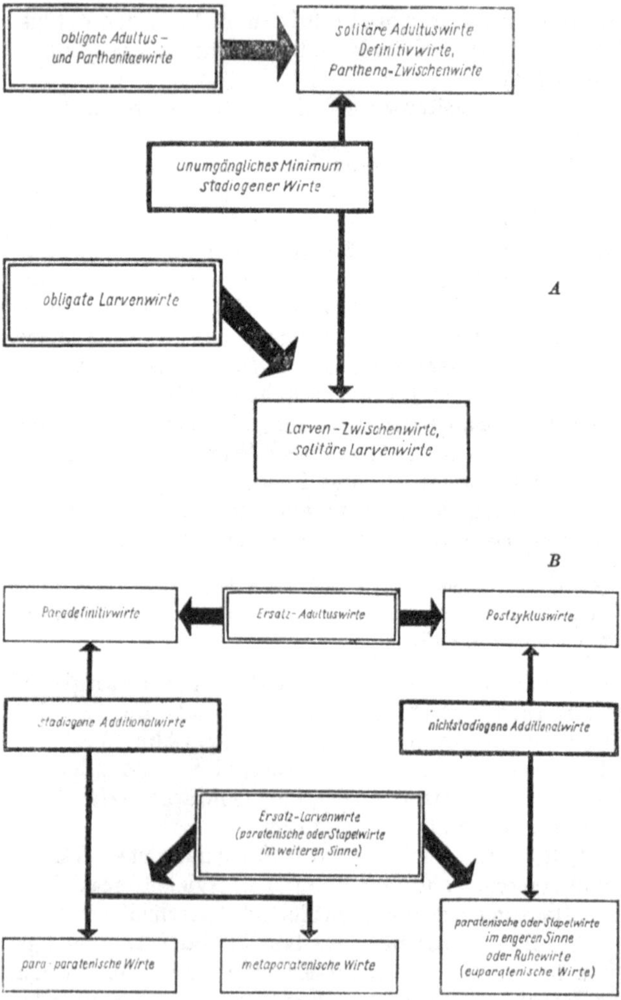

Abb. 8. Die Parasitenwirte der obligat-parasitären Helminthen. *A*: obligat; *B*: fakultativ (additional) (Original)

2. **Wirte heteroxener Helminthen**: Es gibt 2 oder mehr Wirtskategorien (End- und Zwischenwirte).

2.1. **Definitiv- oder Endwirte**: meist stationäre, selten transitorische **Wirte adulter heteroxener Helminthen**. In diesen Wirten erreichen die Helminthen (über die Phase des Präadultus) Geschlechtsreife. Hier findet zweigeschlechtliche Fortpflanzung statt, die Helminthen produzieren Verbreitungsstadien. Manchmal sind die Funktionen eines Endwirts, nämlich die Ermöglichung von 1. dem Erreichen der Geschlechtsreife, 2. der Befruchtung und 3. der Produktion von Verbreitungsformen, auf 2 verschiedene Wirte verteilt (z. B. bei dem Nematoden *Howardula oscinellae*): „Gekoppelte Adultuswirte", da hier Gegenüberstellung von End- und Zwischenwirt nicht sinnvoll.

2.2. **Intermediär- oder Zwischenwirte**: **meist stationäre Wirte larvaler oder sich nicht zweigeschlechtlich fortpflanzender Helminthen**. Nach dieser (historisch übernommenen und international gebrauchten) Definition gibt es zwei nach ihrer ontogenetisch-zyklischen Bedeutung zu trennende Gruppen von Zwischenwirten: a) **Larven-Zwischenwirte** und b) **Partheno-Zwischenwirte**. Nur die Larven-Zwischenwirte sind „Überträger" (Translatoren).

Sind in einem Zyklus mehrere Zwischenwirte notwendig, erfolgt ihre Kennzeichnung durch fortlaufende Numerierung: 1., 2. (und selten 3.) Zwischenwirt. Nur obligate Wirte werden als Zwischenwirte bezeichnet.

2.3. Stationäre Wirte adulter und larvaler **autoheteroxener** Helminthen. Bei Autoheteroxenie (Baer) ist ein und dasselbe Wirtsindividuum nacheinander End- und Zwischenwirt (*Trichinella*).

II. **Fakultative Wirte sind für den Lebenszyklus nicht notwendig**. Es sind 3 Gruppen (im folgenden unter A, B, C) zu unterscheiden.

A. **Wirte fakultativ parasitärer Helminthen**. Es sind im allgemeinen stadiogene Wirte. Hierher gehören fakultative stadiogene Transit- oder Larvendurchgangswirte (z. B. bei dem Nematoden *Alloionema appendiculatum*), fakultative Stationär- und Transitwirte adulter Helminthen sowie fakultative Stationärwirte larvaler Helminthen (Beispiele bei Nematoden der Ordnung Rhabditida).

B. Fakultative Wirte bei obligat parasitären Helminthen: Additional- oder (partielle Milieu- und Funktions-) Ersatzwirte (Abb. 8). Sie sind für den ontogenetischen Zyklusablauf entbehrlich, können zusätzlich hinzukommen und treten dabei an die Stelle der Außenwelt oder eines anderen Wirtes.

A. Echte Parasitenwirte (Wirte, mit denen ein Parasit-Wirt-Verhältnis besteht). Bei ihnen herrscht Parasitismus der Helminthenstadien; sind diese Stadien Ruhestadien (die sich nicht weiterentwickeln), so sind die Kriterien für den Parasitismus die Penetration der Larve oder Wirtsreaktionen auf ihr Vorhandensein, die als Anfangsphase des Parasitismus anzusehen sind.

1. Nichtstadiogene Additionalwirte (Trägerersatzwirte fertigentwickelter Stadien). Hier findet keine Stadienentwicklung der übernommenen Helminthen statt. Sie sind substituierender Wirt für ein fertiges Entwicklungsstadium, so wie es ist. Sie ersetzen die Endfunktion des Zwischenwirtes (Trägertum).

1.1. Euparatenische oder Ruhewirte (paratenische oder Stapelwirte i.e.S.). Sie übernehmen fertigentwickelte Larvenstadien aus der Außenwelt, aus lebenden oder toten Organismen.

1.1.1. Euparatenische Transitwirte (eigentliche Durchgangsstapelwirte). Nach mehr oder weniger langem Aufenthalt, der mit Wanderungen verbunden sein kann, wird die Larve morphologisch unverändert aus dem Wirt ausgeschieden (z. B. *Ancylostoma caninum* bei Nagetieren).

1.1.2. Euparatenische Stationärwirte (eigentliche Dauerstapelwirte). Die übernommenen Helminthenlarven verbleiben in diesen Wirten.

1.1.2.1. Euparatenische Geosubstitutionswirte. Das äußere Milieu wird (durch aktive/perkutane oder passive/perorale Geoinvasion) fakultativ ersetzt. Beispiele unter den Nematoden (*Rhabdias, Syngamus trachea, Capillaria putorii, Ancylostoma caninum*).

1.1.2.2. Euparatenische Biosubstitutionswirte. Ein Wirt eines bestimmten Larvenstadiums wird durch einen anderen fakultativ ersetzt (Bioinvasion), die Helminthenlarven werden ohne Stadienveränderungen umgesiedelt. Es werden nur Wirte fertiger Larven- oder Jugendstadien substituiert. Die Wartestadien behalten die Fähigkeit zur Umsiedlung oder Refixation (theoretisch) unbegrenzt (plurirefixatorische Potenz). Der Vorgang der fakultativen Substitution kann hier viele Male wiederholt werden. Daher können nicht nur Zwischenwirte, sondern auch Stapelwirte substituiert werden. Beispiele bei Nematoden, Acanthocephalen, Trematoden und Cestoden.

1.1.2.3. Euparatenische Saprosubstitutionswirte. Die Larven werden zusammen mit ihren toten Wirten oder Teilen derselben aufgenommen (Saproinvasion).

1.2. Postzykluswirte (Nichtstadiogene Ersatz-Adultuswirte). Der Wirt der Adultwürmer, bei dem bereits mit der Eiproduktion begonnen wurde, wird substituiert. Dies ist einmalig möglich und ist auch mehrmalig denkbar, kann aber nie unbegrenzt ablaufen, da die Lebensdauer der Geschlechtswürmer eine Grenze setzt.

2. Stadiogene Additionalwirte (partielle Entwicklungsersatzwirte).

2.1. Stadiogene Stapelwirte oder paratenische Entwicklungswirte (Wirte von Larven oder Jugendstadien).

2.1.1. Para-paratenische Wirte. Hier wird ein neues Entwicklungsstadium erreicht; die Entwicklung zu diesem hatte bereits in dem Milieu (Wirt oder Außenwelt) begonnen, das durch einen solchen Wirt ersetzt wird. Die bereits begonnene Entwicklung wird im para-paratenischen Wirt fortgesetzt. Die Entwicklung läuft hier von einer unterbrochenen Entwicklungsphase an bis zum nächsten Stadium. Die Endfunktion des ersetzten Milieus (Träger eines fertigentwickelten Stadiums) ist bei der Substitution nicht sofort gewährleistet, sondern erst nach Vollendung der Entwicklung des Stadiums. Der Wirt wird also während der Entwicklung von Larven- oder Jugendstadien (unter Ausschluß von Präadulti im Endwirt) substituiert. Beispiele unter Acanthocephalen, Trematoden, Cestoden, Nematoden und vielleicht auch Pentastomiden. Paraparatenische Wirte sind meist biorezeptiv, seltener georezeptiv (bei einigen Nematoden).

2.1.2. Metaparatenische Wirte. Ein Teil der im obligatorischen Zyklus im Endwirt oder alleinigen Wirt ablaufenden Entwicklung wird auf diese Wirte vorverlagert (ohne daß sie dadurch zu Adultuswirten werden könnten). In den metaparatenischen Wirten läuft eine Entwicklung „von vorn" (d. h. von einem Stadium) bis zu einem anderen Stadium ab, auf dem sie im obligaten Wirt (Endwirt) nicht stehenbleiben würde. Durch den metaparatenischen Wirt wird also keine bereits angelaufene Entwicklung unterbrochen.

Die metaparatenischen Wirte sind meist „phylogenetische Reminiszenz-Wirte": Der ursprünglich als obligater Zwischenwirt dienende Wirt wurde für den Zyklus entbehrlich; die früher im Zwischenwirt ablaufende Entwicklung wurde auf den Endwirt verlagert (meist an Körperwanderungen erkennbar), kann aber auch in einem metaparatenischen Wirt ablaufen. Dort, wo die metaparatenischen Wirte „phylogenetische Reminiszenzwirte" sind, wäre es – im Gegensatz zu allen anderen paratenischen Wirten – möglich, sie „fakultative Zwischenwirte" zu nennen. Sie erfüllen nämlich als einzige Additionalwirte alle Zyklusfunktionen eines obligaten Wirtes (1. Gewährleistung der gesamten Entwicklung von einem Stadium zum nächstfolgenden, 2. Träger des fertigentwickelten Stadiums).

Eine Ähnlichkeit besteht zwischen metaparatenischen Wirten und „Fehlwirten". In Fehlwirten (einem Extremfall von Nebenwirten, S. 45) läuft die Entwicklung bis zu einer gewissen präadulten Stufe ab, Geschlechtsreife wird nicht erreicht. Ähnliches gilt für den metaparatenischen Wirt. Der Unterschied liegt im Charakter der sich nicht weiterentwickelnden Form, der meist an ihrem weiteren Schicksal und an der Lokalisation erkennbar ist. Im Fehlwirt endet der Präadultus (dessen Lokalisation der des Adultus gleicht oder ähnelt) nach kürzerer oder längerer Zeit mit dem Tode, während im metaparatenischen Wirt eine zeitlich stark ausgedehnte Ruheperiode eintritt (das typische Wartestadium zeigt dabei eine andere Lokalisation als der Adultus). – Sowohl metaparatenische als auch Fehlwirte können zur Befallsquelle für Adultuswirte werden, wobei der metaparatenische Wirt für diese Funktion besser geeignet ist. Während der Fehlwirt als ungeeigneter reproduktiver Wirt anzusehen ist, der in der obligaten Aufeinanderfolge der Wirte „an der Reihe" ist (aber seine Funktion nicht voll erfüllen kann), ist der metaparatenische Wirt ein Additionalwirt, der als fakultativer Larvenwirt in den Zyklus eingeschaltet wird. Der Fehlwirt ist nicht als Additionalwirt anzusehen.

2.1.2.1. Metaparatenische Geosubstitutionswirte. Die heutige Homoxenie ist sekundär, die ehemalige Diheteroxenie ist fakultativ geworden. Beispiele: verschiedene Ascaridata, *Hymenolepis nana* (= *Rodentolepis straminea*).

2.1.2.2. Metaparatenische Biosubstitutionswirte. Bei der Trematodengattung *Alaria* lag ehemals ein obligatorischer 4-Wirte-Zyklus vor. Später entfiel der 3. Zwischenwirt, die in ihm ablaufende Entwicklung verlagerte sich auf den Endwirt. Bei der Untergattung *Paralaria* kann der 3. Zwischenwirt noch fakultativ in den Zyklus eingeschoben werden (Abb. 9). Auch einige Nematoden der Unterordnungen Camallanata, Spirurata und Dioctophymata liefern Beispiele; einige sind wahrscheinlich keine Reminiszenzwirte.

2.2. Paradefinitivwirte (stadiogene Ersatz-Adultuswirte). Sie substituieren einen Endwirt, bevor die in diesem schmarotzenden Helminthen geschlechtsreif geworden sind; es werden also Präadulti umgesiedelt. Es sind keine paratenischen Wirte, da die Präimaginalphase kein selbständiges (Larven- oder Jugend-) Stadium, sondern eine Entwicklungsphase darstellt. Ebenso ist bei einer solchen Substitution nicht etwa der ersetzte Endwirt metaparatenischer Wirt, da es bei ihm zur Geschlechtsreife gekommen wäre, was im metaparatenischen Wirt, der als Larvenwirt definiert ist, nicht der Fall ist. Im Gegensatz zu den nichtstadiogenen Ersatz-Adultuswirten sind die stadiogenen Ersatz-Adultuswirte keine Postzykluswirte.

C. Fakultative Wirte, mit denen kein echtes Parasit-Wirt-Verhältnis besteht (**fakultative Transportwirte**).[1]) Eine Schwierigkeit liegt hier darin, daß man oft Tiere und Pflanzen anders behandelt. Vielfach spricht man bei Pflanzen von Substrat und vermeidet den Ausdruck

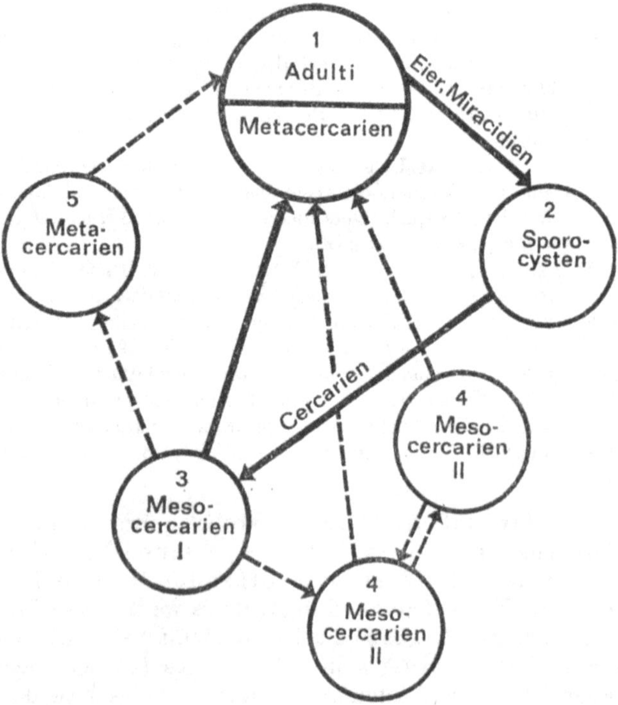

Abb. 9. Obligates (ausgezogene Pfeile) und fakultatives Wirtssystem (gestrichelte Pfeile) der Untergattung *Paralaria*; 1 Endwirt, 2 1. Zwischenwirt, 3 2. Zwischenwirt, 4 euparatenische Wirte, 5 metaparatenischer Wirt (Original)

---

[1]) Der Terminus Transportwirt wird – unzweckmäßigerweise – im Deutschen und Englischen auch als Synonym von paratenischer Wirt oder, seltener, für bestimmte Zwischenwirte gebraucht.

Wirt (z. B. ODENING 1969: „Transporttiere“). Da man bei Epökie, Entökie und Phoresie in der Ökologie den Ausdruck Wirt anwendet, sollte man es auch in der Parasitologie tun (der Zyklus von *Fasciola* ist danach ein obligatorischer 2-Wirte-Zyklus, in den fakultativ ein Transportwirt (eine Pflanze) eingeschalten ist). Wichtig ist die (terminologische) Trennung eines solchen Transportwirtes vom paratenischen Wirt beziehungsweise vom Zwischenwirt, bei denen ein echtes Parasit-Wirt-Verhältnis vorliegt.

Es ist für das Verhältnis der Helminthen zum Transportwirt unerheblich, ob sie sich stadienmäßig entwickeln oder nicht (beides kommt vor, der Transportwirt hat darauf keinen Einfluß). Die Transportwirte sind meist georezeptiv, manche auch saprorezeptiv. Transportwirte treten auch bei nichtparasitischen Verwandten der Helminthen sowie bei anderen Parasiten (anadaptive Überträger) auf. Sehr oft ist der Transportwirt ein Transitwirt, die Parasitenformen verlassen ihn nach gewisser Zeit oder nach Erreichen eines bestimmten Ziels (dieser temporäre Aufenthalt der Gäste ist für die Phoresie typisch).

Wegen seines Auftretens in verschiedenen Parasitengruppen (Viren, Bakterien, Pilze, Protozoen, Helminthen, Arthropoden) ist der Transportwirt als universelle parasitologische Kategorie zu werten und von den nur bei Helminthen (und evtl. bei einigen anderen entoparasitischen Metazoen sowie einigen Protozoen) vorkommenden paratenischen Wirten zu trennen.

4.3. Die Wirte der Protobionta, Bakterien und Viren

Bei heteroxenen Protozoen (Blutflagellaten, Blutsporozoen) gibt es Entwicklungsvorgänge und eine Einschaltung von Wartestadien in den Entwicklungsgang, die an Helminthen erinnern. Allerdings fehlt den Blutflagellaten eine zweigeschlechtliche Fortpflanzung, die bei Sporozoen auftritt. Schon daher ist eine Übertragung der helminthologischen Begriffe End- und Zwischenwirt bei Blutflagellaten nicht möglich. Selbst bei Blutsporozoen würde dies auf große Schwierigkeiten stoßen. Sie liegen in der doch stark verschiedenen Entwicklungsweise von Helminthen und Protozoen. Die typischen Zwischenwirte der Helminthen sind Larven-Zwischenwirte; Larven in diesem Sinne fehlen den Protozoen. Weiter entsprechen sich die vergleichbaren Funktionen der Wirte nicht. Beim Endwirt, wie er meist bei heteroxenen Helminthen auftritt, müssen alle 3 auf S. 83 genannten Funktionen vereint sein. Werden sie auf verschiedene Wirte verteilt, wird es schwierig, einen davon dem anderen als Endwirt gegenüberzustellen.

Bei Helminthen gibt es Zyklen mit 2 Adultuswirten. Bei Haemosporidiern (sowie *Karyolysus*, *Haemogregarina*, *Hepatozoon*) kommt es im Wirbeltierwirt zur Ausbildung der Gametocyten und z. T. der Gameten, im Arthropodenwirt zum Abschluß der Gametenbildung, zur Befruchtung und Produktion von Verbreitungsformen. Bei den heteroxenen Helminthen mit End- und Zwischenwirt laufen diese bei Haemosporidiern auf 2 Wirte verteilten Vorgänge im Endwirt ab. Außerdem spielt sich in beiden Wirten der Haemosporidier ungeschlechtliche Vermehrung ab (Schizogonie im Wirbeltier, Sporogonie im Wirbellosen), was bei Helminthen Kriterium für Vorgänge im Zwischenwirt wäre. Daraus erhellt die Schwierigkeit, diese Begriffe auf Protozoen anzuwenden. Man hat deshalb früh vorgeschlagen, bei Blutprotozoen von Avertebraten- und Wirbeltierwirten zu sprechen. Indessen gibt es auch entsprechenden Wirtswechsel zwischen 2 wirbellosen Wirten (z. B. bei *Aggregata*: Dort entsprechen den Wirbeltieren bei den Haemosporidiern Krabben, den Arthropoden Tintenfische). Nach den wesentlichen Vorgängen in den Wirten der heteroxenen Sporozoen wäre es zweckmäßig, von Sporogoniewirten und Schizogoniewirten zu sprechen. Dies würde den Charakter der Wirte (im Sinne des Lebenszyklus der Parasiten) am treffendsten ausdrücken.

Fragwürdig ist auch eine Anwendung der Begriffe End- und Zwischenwirt auf die Rostpilze.

Bei den Uredinales ist der Aecidienwirt (Träger der haploiden Phase) Träger einer geschlechtlich differenzierten Generation; hier erfolgen Kopulation und „ungeschlechtliche“ Bildung von Aecidiosporen. Im reinen Uredosporenwirt (Träger der Dikaryophase) werden ungeschlechtlich Uredosporen produziert. Auf dem Teleutosporenwirt (Träger der Dikaryophase) erfolgt schließlich die Karyogamie; die Bildung der „Gameten" (Basidiosporen) geschieht in der Außenwelt. Ein Uredosporenwirt kommt zwar zeitweise selbständig vor; er tritt nur während des Sommers auf, wird aber immer schließlich zum Teleutosporenwirt. Infolge dieser von Metazoen abweichenden Fortpflanzungsverhältnisse (Trennung von Zell-Kopulation und Befruchtung, Ausdehnung der Geschlechtsvorgänge auf 2 Generationen, zusätzlich ungeschlechtliche Fortpflanzung) lassen sich die Begriffe End- und Zwischenwirt nicht auf die Pilze übertragen. Auf beide Wirtstypen der Uredinales treffen Merkmale des Endwirts zu; man könnte also von 1. und 2. Endwirt sprechen. Eindeutiger sind die Bezeichnungen Aecidienwirt (Wirt der haploiden Phase bzw. des Gametophyten) und Uredo- und Teleutosporenwirt (Wirt der Dikaryophase bzw. des Sporophyten).

Bei Blutflagellaten (Trypanosomatidae und Blutbodoniden der Fische) herrscht größtenteils Entwicklungsverschiedenheit im Avertebraten- und Wirbeltierwirt. Bei Piroplasmida kommen die Entwicklungsverschiedenheiten im Avertebraten- und Wirbeltierwirt morphologisch nicht so deutlich zum Ausdruck. Dies leitet zu den heteroxenen Spirochäten, Rickettsien und Viren über, wo weder geschlechtliche Vorgänge noch Entwicklungsverschiedenheiten in beiden obligaten Wirten erkennbar sind.

Auch hier bleibt nur übrig, die Wirte als Avertebraten- und Wirbeltierwirt beziehungsweise Wirtspflanze zu benennen. Wesentlich ist, daß sie stets Entwicklungs- und Vermehrungswirte sind. In der Praxis wird vielfach der epidemiologische Ausdruck Überträger für den einen Wirt eines solchen Wirtspaares gebraucht. Da es bisher keinen Nachweis von Entwicklungsverschiedenheiten der Parasiten in beiden Wirten gibt, liegt nach dem gegenwärtigen Kenntnisstand die Verschiedenheit nur beim Wirt und bei der Wirkung des Parasiten auf diesen.

Außer obligaten Wirten können bei Protozoen, Pilzen, Bakterien und Viren fakultative Transportwirte (anadaptive Überträger) vorkommen (kein Wirt-Parasit-Verhältnis). Möglicherweise kann der Begriff des paratenischen Wirtes auf Protozoen, vielleicht auch Bakterien,

Viren ausgedehnt werden. Bei Protozoen könnte der Avertebratenwirt von *Schellackia* als euparatenischer Wirt aufgefaßt werden. Hier herrscht Wirtswechsel zwischen Eidechsen und Milben (Abb. 10). In der Milbe erfolgt keine

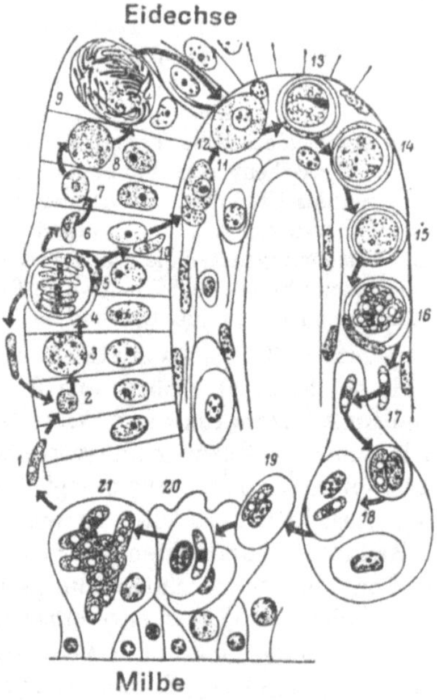

Abb. 10. *Schellackia bolivari*: 1 – 5 Schizogonie im Darmepithel, 6 – 9 Bildung der Mikrogameten, 10 – 11 Wachstum und Übertritt der Makrogametozyten ins subepitheliale Gewebe, 12 Befruchtung, 14 – 16 Sporogonie, 17 – 18 Übertritt der Sporozoiten in Erythrozyten, 19 – 21 Aufnahme der Erythrozyten und Freiwerden der Sporozoiten in Darmzellen des euparatenischen Wirtes (nach Reichenow aus Dogiel, verändert)

qualitative Veränderung der mit dem Eidechsenblut aufgenommenen Sporozoiten; diese werden nur aus den Erythrozyten freigesetzt und befinden sich danach in den Darmzellen der Milbe. Die Milbe (phagärer Überträger) ist kein obligater Wirt, da die Infektion der Eidechse auch durch Verfütterung von sporozoitenhaltigen Teilen einer anderen Eidechse zustande kommt (entspräche der Auto-heteroxenie). Ein Wirt-Parasit-Verhältnis in der Milbe ist durch den intrazellulären Sitz der Sporozoiten gegeben. Gleiches gilt möglicherweise für *Lankesterella*, wo sich Schizogonie, Gamogonie und Sporogonie im Frosch abspielen, während eine Hirudinee wahrscheinlich phagärer Überträger ist, der als euparatenischer Wirt aufgefaßt werden könnte (bei Fröschen sind Kannibalismus sowie das Auffressen kleinerer Exemplare anderer Froscharten häufig).

4.4. Universelle Wirtskategorisierung

Als universelle Wirtstermini scheiden die meisten helminthologischen Wirtskategorien aus. Für eine allgemeine Gliederung der Wirte nach Aspekten der Ontogenese und des Lebenszyklus sowie des Parasitismus verbleiben die Gesichtspunkte:

obligat — fakultativ < fakultativ parasitisch / additional

(individuell-)stadiogen — nichtstadiogen
reproduktiv — nichtreproduktiv

Parasit-Wirt-Verhältnis (Parasitenwirte) — kein solches < Transportwirte / Temporärwirte

stationär — transitorisch

Es zeigt sich, daß die Begriffe der stadiogenen und nichtstadiogenen Wirte zwar erweiterungs- und übertragungsfähig sind, daß aber die Gliederung in diese beiden Kategorien allein nicht für eine universelle Anwendung auf alle Parasitengruppen ausreicht, da sie einen typisch helminthologischen Sachverhalt widerspiegelt. Sie wird daher durch die Begriffe reproduktiv — nichtreproduktiv ergänzt. Bei manchen Parasiten gibt es 2 Reproduktionsformen: Die multiplikative ist Vermehrung der Parasiten im Wirt (Überschwemmungsvermehrung, „Agglomerationsphase“), die propagative ist zum Verlassen des Wirtes oder zur Übertragung auf den nächsten Wirt bestimmt („Dispersionsphase").

Grenzfälle zwischen multiplikativ und propagativ sind Mikrofilarien, Trichinenlarven und Sporogonie, wo es sich um Überschwemmung mit besonderen Propagationsformen handelt.

Bei Stationärparasiten kann es sich um stationäre wie auch um transitorische Wirte handeln. In beiden dauert der Aufenthalt des Parasiten länger; er endet beim Stationärwirt mit dem Tode des Parasiten oder des Wirtes, beim Transitwirt jedoch dadurch, daß der Parasit den (lebenden oder toten) Wirt lebend verläßt und außerhalb desselben gesetzmäßig weiterlebt (ein Verlassen des Wirtes, nur um kurz darauf in der Außenwelt zu sterben, zählt nicht hierher). Die Temporärwirte würden den Temporärparasiten entsprechen, für die im allgemeinen kurzfristiger Aufenthalt am Wirt charakteristisch ist. Alle 3 Begriffe beziehen sich auf das Parasitenindividuum, nicht auf eine Folge von Individuen oder auf die Nachkommenschaft (Verbreitungsformen), die ja auch oft den Wirt verläßt; sie spielen vor allem bei parasitischen Metazoen eine Rolle.

Bei Bakterien und Viren ist die individuelle Entwicklung kaum von der Reproduktion zu trennen, weil die Dauer dieser Vorgänge im allgemeinen viel kürzer ist als bei Meta- und Protozoen und infolge geringer Formenmannigfaltigkeit eine Unterscheidung oft schwer wird. Wartestadien sind die Verbreitungsformen in der Außenwelt: Bakteriensporen, Viren außerhalb von Organismen. Bei Bakterien ist der Entwicklungsrhythmus Teilung — Wachstum — teilungsreifes Stadium — Teilung typisch. Bei Viren wechseln Infektionsstadien mit intrazellulären Vermehrungsphasen, die nach Zerstörung oder Verlassen der Wirtszelle wieder Infektionsstadien ergeben usw. Für Viren, die meisten Bakterien und z. T. Protozoen ist typisch, daß in demselben Wirt zahlreiche Male nach einfacher Vermehrung (z. B. einfache oder multiple Teilungen bzw. Reduplikationen) das gleiche Stadium oder die gleiche Generation wieder erscheint: Stadium (Generation) - Vermehrung/Entwicklung - Stadium (Generation). Für Helminthen und viele heteroxene Protozoen ist die (individuelle oder generationszyklische) Entwicklung von einem Stadium (oder einem Generationstyp) zu einem anderen Stadium (oder Generationstyp) in demselben Wirt charakteristisch.

Hier liegt der Kern der Unterschiede zwischen Entwicklungs- und Fortpflanzungsweise der großen Parasitengruppen und damit eine Erklärung für den unterschiedlichen Charakter ihres Parasitismus, ihrer Wirte und ihres Wirtswechsels, der z. T. terminologisch deutlich wird. Helminthenzyklen zeigen eine reich gegliederte Individualentwicklung. Ein Individuum muß im allgemeinen verschiedene Entwicklungsetappen in verschiedenen Wirten, Organen oder sonstigen Umwelten durchlaufen. Im wesentlichen nur bei Trematoden ist individualzyklische Entwicklung (Stadiogenie) mit generationszyklischer kombiniert. Bei heteroxenen Protozoen hat der Entwicklungszyklus wohl immer und der Wirtswechsel meist generationszyklischen (Sporozoa) oder homogen- bzw. formenzyklisch-heterogen-reproduktiven Charakter (Flagellata). Bei Viren und Bakterien liegt (soweit bisher bekannt) ausschließlich homogen-reproduktive Entwicklung vor (individuelle Reproduktion ohne Generations- oder Formwechsel, qualitativ unbeeinflußt vom Wirtswechsel). Bei Trematoden wird der zweigeschlechtige Generationstyp (Adulti) durch eine einzige Generation verkörpert, die allein eine oder mehrere verschiedene Wirte (Endwirte, 2. und gegebenenfalls 3. Zwischenwirte) bewohnt. Der parthenogenetische Generationstyp weist im allgemeinen verhältnismäßig wenige aufeinanderfolgende Generationen in einem Wirt auf (2—6, selten mehr). Außerdem können innerhalb des parthenogenetischen Generationstyps mehrere verschiedene, oft gesetzmäßig aufeinanderfolgende Formen existieren. Weiterhin tritt hier zur generations- und formenzyklischen Entwicklung meist noch homogen-multiplikative Reproduktion in einem Wirt auf. Koppelung von Generationswechsel und homogener multiplikativer Reproduktion ist, bei weit stärkerer Reproduktivität, für die Schizogoniewirte heteroxener Sporozoen typisch.

Es lassen sich folgende Typen von „Entwicklungswirten" im weiteren Sinne unterscheiden (vgl. Abb. 6—8):

1. Individuell-stadiogene, nichtreproduktive Wirte
2. reproduktive Wirte
   a) multiplikativ
      aa) homogen-multiplikativ
      bb) heterogen-multiplikativ
         A (generationszyklisch)
         B (formenzyklisch)
   b) propagativ
      aa) homogen-propagativ
      bb) heterogen-propagativ
         A (generationszyklisch)
         B (formenzyklisch)

Alle obligaten reproduktiven Wirte sind zugleich „individuell-stadiogene Wirte".

Die Postzykluswirte bei Helminthen sind dagegen propagativ-reproduktive Wirte (homogen-propagativ bei den meisten Nematoden, bei Cestoden und Acanthocephalen, generationszyklisch-heterogen-propagativ bei Trematoden), aber nicht individuell-stadiogen.

Individuell-stadiogene, aber nichtreproduktive Wirte sind die Zwischenwirte der Nematoden, Acanthocephalen und der meisten Cestoden sowie die 2. (und 3.) Zwischenwirte der Trematoden. Bei einigen Cestoden (*Echinococcus* und andere) sind die Zwischenwirte individuell-stadiogen und reproduktiv, und zwar homogen-multiplikativ. Stadiogene, nichtreproduktive, transitorische Wirte haben z. B. die Dasselfliegenlarven, die Mermithoidea und die Nematomorpha sowie die Larven der Unioniden.

Alle Endwirte, gekoppelten Adultuswirte und solitären Adultuswirte der Helminthen und die 1. Zwischenwirte der Trematoden sind reproduktive Wirte. Die Parthenitaewirte der Trematoden sind formenzyklisch-multiplikativ, homogen-multiplikativ und generationszyklisch-propagativ. Die erwähnten Endwirte sind nach der Fortpflanzungsart der Parasiten (wie Postzykluswirte) homogen-propagativ oder generationszyklisch-heterogen-propagativ, aber im Gegensatz zu Postzykluswirten individuell-stadiogen.

Bei Protozoen, Pilzen, Bakterien und Viren gibt es wegen der weniger reich gegliederten Ontogenese keine individuell-stadiogenen **und** nichtreproduktiven Wirte. Alle obligaten Wirte sind hier reproduktiv.

Bei Viren und Bakterien herrscht im allgemeinen homogen-multiplikative Reproduktion. Neben diese tritt bei Protozoen oft, ebenso wie bei manchen Bakterien, formenzyklisch-propagative Reproduktion (Ausbildung von Verbreitungsformen wie Cysten und Sporen). Bei Blutflagellaten kommt formenzyklisch-multiplikative Vermehrung zur homogen-multiplikativen. Bei Haemosporidiern haben wir homogen-multiplikative Reproduktion (Schizogonie), zu der formenzyklisch-multiplikative Reproduktion (Makro- und Mikro-Schizogonie; Abb. 6B, C) treten kann, sowie generationszyklisch-propagative Reproduktion (Gamogonie einerseits, Sporogonie andererseits).

In den Wirten der parasitischen Pilze herrscht meist generationszyklisch-propagative oder homogen-propagative Reproduktion. Bei heteroxenen Rostpilzen ist die Reproduktion generationszyklisch-propagativ (Aecidiosporen- und Teleutosporenwirt); dazu kann homogen-propagative Reproduktion (durch Uredosporen beim Uredosporen- und Teleutosporenwirt) treten. Beim Aecidienwirt klingt eine formenzyklisch-multiplikative Reproduktion in Form der Pyknosporenbildung an. Bei (mehrzelligeren) Pilzen verschmelzen die bei Einzellern und Metazoen deutlich auseinanderzuhaltenden Vorgänge des individuellen Wachstums und der multiplikativen Vermehrung im Wirt (S. 51, 93).

Die Wirte der stationär-ektoparasitischen Arthropoden (z. B. Milben, Läuse, Mallophagen) sind homogen-multiplikativ.

Bei ausschließlich homogen-multiplikativer Reproduktion (Viren, viele Bakterien und Protozoen, stationär-ektoparasitische Arthropoden), also beim Fehlen besonderer Verbreitungsformen, ist die propagative Reproduktion mit der multiplikativen identisch.

Die Wirte der Parasitoide sind stadiogen, bisweilen (z. B. bei Chalcididae) auch reproduktiv (homogen-multiplikativ: Polyembryonie). Gleichzeitig sind sie transitorisch.

5. Individuelle und parasitozönotische Wechselwirkungen

5.1. Gesetzmäßigkeiten der Parasitation

Der Besiedlungsvorgang, bei dem parasitäre (oder mutualistische) Organismen einen Wirt befallen, wird Infektion genannt. So wie im Deutschen „Befall“ einen Vorgang wie auch den darauffolgenden Zustand bezeichnet, gilt dies auch für „Infektion" (in gewisser Hinsicht ein Nachteil). Die Kurzform Infekt wird nur für den Zustand gebraucht (anders jedoch bei „Infektkette", S. 128).

Der Phytopathologe GÄUMANN faßte die Infektion als 1. Phase einer Infektionskrankheit auf, „von der Keimung des Erregers bis zum Zeitpunkt, da dieser mit seinem Wirt in ein stabiles parasitisches Verhältnis getreten ist". Wir können aber weder alle Parasiten mit Krankheitserregern, noch jede Infektion mit einer Krankheitsphase gleichsetzen.

Im allgemeinen wird also nicht zwischen Infektion als Befallsvorgang und als Manifestation eines Parasit-Wirt-Verhältnisses unterschieden. Der Befallsvorgang besteht aus mehreren Phasen, die auf 2 verschiedenen Ebenen liegen können. Die eine (präparasitäre) ist die ökologisch-epidemiologische: (aktives oder passives) Erreichen des Wirtes, Zusammentreffen des Parasiten mit dem Wirt, passives Hineingelangen in den Wirt durch perorale Aufnahme (Oralintroduktion), Inhalation oder Inokulation (passives Eindringen von Parasiten durch Verletzungen des Wirtes) beziehungsweise An-den-Wirt-Gelangen durch Kontamination. Bereits diese Vorgänge, die noch keine Parasitation darstellen, werden oft Infektion genannt. Besser wäre der Ausdruck Invasion: Endabschnitt der Übertragung. Ob diese Endphase zum Erfolg für den Parasiten, d. h. zur Eröffnung eines Parasit-Wirt-Verhältnisses führt, stellt sich erst danach heraus. Dazu ist es nötig, daß der Parasit bestimmte Vorbedingungen erfüllt (Befallsreife, Befallsfähigkeit, Anpassung) und daß beim Wirt bestimmte Voraussetzungen gegeben sind (Empfänglichkeit, Disposition). Grundvoraussetzung ist im allgemeinen, daß der Parasit mit dem „richtigen" Wirt zusammengekommen ist. Sind alle Bedingungen erfüllt, bleibt der Parasit am oder im Wirt. Bei diesem ersten „Haftenbleiben", das wir Kollokation (Festsetzung, Ansiedlung in der 1. Phase) nennen, ist der Parasit aktiv beteiligt (Übersicht 2). Dies ist die erste

Übersicht 1

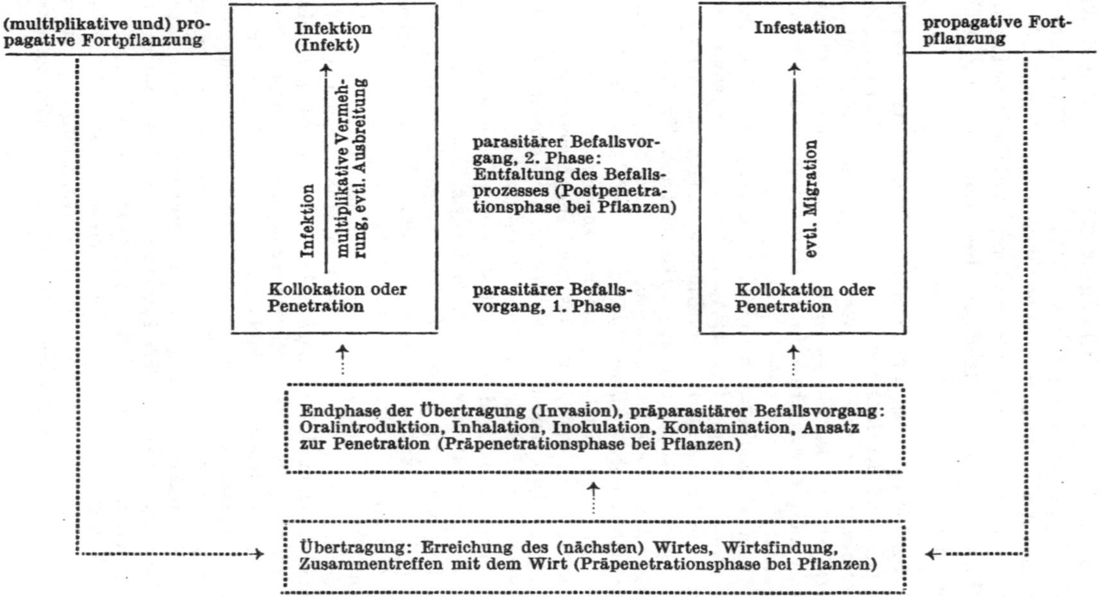
(multiplikative und) propagative Fortpflanzung
Infektion (Infekt)
Infektion
multiplikative Vermehrung, evtl. Ausbreitung
Kollokation oder Penetration
parasitärer Befallsvorgang, 2. Phase: Entfaltung des Befallsprozesses (Postpenetrationsphase bei Pflanzen)
parasitärer Befallsvorgang, 1. Phase
Infestation
evtl. Migration
Kollokation oder Penetration
propagative Fortpflanzung
Endphase der Übertragung (Invasion), präparasitärer Befallsvorgang: Oralintroduktion, Inhalation, Inokulation, Kontamination, Ansatz zur Penetration (Präpenetrationsphase bei Pflanzen)
Übertragung: Erreichung des (nächsten) Wirtes, Wirtsfindung, Zusammentreffen mit dem Wirt (Präpenetrationsphase bei Pflanzen)

individuelle Wechselwirkung zwischen Parasit und Wirt die Eröffnung des (individuellen) Parasit-Wirt-Verhältnisses. Die Parasitation endet mit dem Tode des Parasiten oder des Wirtes oder dadurch, daß die Parasiten den Wirt verlassen beziehungsweise von ihm ausgestoßen werden.

Bei Darmparasiten (durch perorale Übertragung in den Wirt gelangt) ist der Befallsvorgang oft mit der Kollokation abgeschlossen. Bei anderen sind Wanderungen oder Ausbreitungen zu bestimmten Ziel-Lokalisationen oder allgemeine Ausbreitung notwendig (eine 2. Phase des Befallsvorgangs auf der Ebene des Parasit-Wirt-Verhältnisses).

Beim aktiven Eindringen von Parasiten in den Wirt durch Kutikula, Haut oder Schleimhaut (selten durch Körperöffnungen) fällt die Penetration (bzw. Einwanderung) mehr oder weniger mit der Kollokation zusammen. Das trifft auch für Parasiten zu, die inokulativ ins Blut gelangen, aber dort oder von dort aus in Zellen eindringen müssen. Reihenfolge und Dauer einzelner Abschnitte eines Befallsvorgangs können verschieden sein; z. B. kann auf eine Inokulation (ins Blut) eine Penetration (in eine Zelle) erfolgen, danach ein Freiwerden der Vermehrungsformen, Penetration neuer Zellen, Ausbreitung usw. Auf perorale Übertragung kann ebenfalls Penetration der Darmwand erfolgen. Unter Penetration wird aktives Eindringen (in Gewebe oder Zellen) wie auch aktives Hindurchdringen durch Hüllen oder Gewebe verstanden. Es ist noch zwischen Penetration intakter Häute oder Schleimhäute und Penetration durch Wunden zu unterscheiden. Bei Verletzungen kann also Penetration (aktiv) oder Inokulation (passiv) vorliegen. Die Penetration erfolgt mechanisch (z. B. bei einigen Helminthen) oder durch chemische Einwirkung (Enzyme, Stoffwechselprodukte, Toxine) auf Gewebe oder Zellen. Im letzteren Fall wird der Vorgang bisweilen Ingression genannt. Manchmal sind mechanische und chemische Aktivitäten kombiniert. Das Wort Invasion wird als Synonym von Penetration wie auch als Oberbegriff für sämtliche aktiven (Penetration einschließlich Ingression und Einwanderung) und passiven Endphasen des Übertragungsvorgangs (Oralintroduktion, Inhalation, Inokulation, Kontamination) verwendet, wobei u. U. die Kollokation und Phasen der Wanderung bzw. Ausbreitung bis zur endgültigen Lokalisierung im Wirt einbezogen werden.

Die Parasitation durch Entoparasiten tritt als Infektion oder als Infestation[1]) in Erscheinung. Zwischen beiden besteht ein fundamentaler Unterschied. Bei Infektion vermehrt sich der Parasit mehr oder weniger fortlaufend im Wirt (meist Mikroparasiten: Viren, Bakterien, Protozoen; Pilze in der Sonderform des „offenen Wachstums"). Schnelle multiplikative Reproduktion ist für die Infektion typisch (kein statischer Befallszustand, sondern ein durch ständige kontinuierliche oder unterbrochene Vermehrung gekennzeichneter Prozeß). Bei der Infestation (für die meisten Helminthen u. a. entoparasitische Metazoen sowie für die meisten parasitoidischen Insekten, also Makroentoparasiten, typisch) tritt im allgemeinen keine multiplikative Reproduktion auf. Wenn solche bei metazoischen Entoparasiten vorkommt, ist sie meist nicht so schnell und so intensiv und unbeschränkt wie etwa bei Viren und Bakterien. Am ehesten mit einer Infektion vergleichbar ist die multiplikative Vermehrung weniger Nematoden (z. B. *Probstmayria vivipara*, *Ollulanus tricuspis*, *Tachygonetria*, *Thelandros*) sowie der Parthenitae der Trematoden.

Die begrenzte multiplikative Reproduktion bei einigen parasitoidischen Insekten (Polyembryonie) sowie bei einigen Cestodenlarven (*Multiceps* und andere; durch vegetative Vermehrung) ist kaum mit einer echten Infektion vergleichbar. Eigentlich wäre der Begriff Infektion auf solche stationär-ektoparasitischen Arthropoden (wie Läuse, Mallophagen, manche Milben) und Helminthen (manche Hakensaugwürmer) anzuwenden, die sich auf dem Wirt vermehren. Dies ist aber selten üblich, da es sich um Makroparasiten handelt, die sich nicht so schnell wie Mikroparasiten vermehren. Dennoch äußert sich eine solche Parasitation oft durch Ausbreitung auf dem Wirt, es besteht die Fähigkeit zu örtlicher oder genereller Überschwemmung des Wirtes (nach Eichler 1940 vermehrte sich eine Mikropopulation von *Trichodectes canis* auf einem Fuchs in 80 Tagen auf das 70fache). Man könnte hier von „Makroinfektion" sprechen. Besser ist es, die

[1]) Besonders vom sowjetischen Schrifttum ausgehend auch als „Invasion" bezeichnet.

Parasitierung durch Makroektoparasiten (dazu gehören auch die parasitischen Kormophyten) nicht in die Gegenüberstellung von Infektion und Infestation einzubeziehen.

Von beiden Erscheinungsformen der Parasitierung abgeleitet sind die Begriffe Infektions- und Infestationskrankheiten (letztere oft „Invasionskrankheiten" genannt). Beide parasitäre Krankheitsgruppen werden häufig nicht getrennt, man spricht dann allgemein von Infektionskrankheiten. Der logische Oberbegriff wäre Parasitosen (worunter aber meist nur die durch „tierische" Parasiten bei Mensch und Tier hervorgerufenen Erkrankungen verstanden werden).

Man stößt auch auf das Verfahren, die Infektionskrankheiten mit Viren, Bakterien und Pilzen (den Objekten der medizinischen Mikrobiologie), die „Invasionskrankheiten" dagegen mit Protozoen, Helminthen und Arthropoden in Verbindung zu bringen. Dabei liegen keine tatsächlichen Merkmale der Krankheiten zugrunde. Es ist fragwürdig, einen „tierischen" Parasitismus einem Parasitismus pflanzlicher Parasiten und der Viren gegenüberzustellen, da die Grenzen zwischen Tier- und Pflanzenreich unscharf sind (die progressive Taxonomie teilt die Organismenwelt z. B. in die Reiche der Viren, Schizobionta, Protobionta, Metazoen und Cormophyta), da wesentliche Unterschiede zwischen makroparasitischen Helminthen und Mikroparasiten sowie zwischen entoparasitischen und ektoparasitischen Metazoen existieren. Andererseits hat der Parasitismus aller Organismengruppen grundlegende gemeinsame Züge.

Bei der Besiedlung des Wirtes ist zunächst der Ort der Kollokation oder Penetration von Bedeutung (dieser muß nicht mit dem Ort des Zusammentreffens von Parasit und Wirt übereinstimmen). Alles weitere ist weitgehend nach der Art des Parasiten und des Wirtes verschieden. Der Parasit kann gleich am Ziel sein (z. B. bei Ektoparasiten oder Darmparasiten), oder er muß eine definitive Lokalisation erreichen. Bei Infektion erfolgt eine Ausbreitung durch Überschwemmungsvermehrung, oft auf charakteristischen Wegen. Dabei ist die Ausbreitungsgeschwindigkeit von Bedeutung. Nach der Besiedlungsart werden die beiden Grundformen der Lokal- und der

Allgemeininfektion unterschieden (eine Infestation hat dagegen im allgemeinen lokalen Charakter). Die elektive Besiedlung des Wirtes äußert sich in den Grundformen entoparasitisch — ektoparasitisch, in Gewebe- und Organspezifität, evtl. in Zell- oder Organellspezifität (der Parasit breitet sich nur in bestimmten Lokalisationen aus). Organotrope und histotrope Besiedlung erfolgen nach vorheriger Allgemeininfektion. Nach ihrer pathogenen Wirkung sind die akuten Lokalinfekte von chronischen Herdinfekten zu unterscheiden. Die 2. Phase des Befallsvorgangs kann verschieden lang sein. Sie ist ohne multiplikative Vermehrung eine Fortsetzung der Kollokation oder Penetration bis zum Erreichen der endgültigen Lokalisation und mündet in die Infestation ein. Die erzeugten Fortpflanzungsstadien dienen der Übertragung auf einen neuen Wirt. Bei Überschwemmungsvermehrung ist die 2. Phase des Befallsvorgangs bereits ein Infektionsprozeß, der in mehrere Etappen zerfallen kann und meist einen fließenden Übergang zum dynamischen Befallszustand bildet. Er ist im allgemeinen durch eine Ausbreitung gekennzeichnet. Die 2. Phase bei Parasiten ohne multiplikative Reproduktion kann von aktiven oder passiven Migrationen (Wanderungen im Wirtskörper) begleitet sein (passiv z. B. bei Verschleppung auf dem Blut- oder Lymphwege).

Dem Begriff der Infektion entspricht der der Infektiosität: im engeren Sinne die Fähigkeit eines Parasiten, sich im oder auf dem Wirtsorgansimus zu vermehren (bisweilen wird darunter nur die Fähigkeit zum Befall eines Wirtes verstanden). Im weiteren Sinne enthält dieser Begriff auch die Komponente der Kontagiosität: Übertragbarkeit auf einen neuen Wirtsorganismus und Haftfähigkeit im Wirt überhaupt. Bei Infestationsparasiten unterscheidet man Spezialbegriffe. Invasionsfähigkeit im engeren Sinne: Erhaltung der Penetrations- oder Kollokationsbereitschaft und Lebensfähigkeit invasionsreifer Parasiteneier oder -larven. Der Begriff ist erweiterungsfähig und auf alle Parasiten, die besondere Propagationsformen (= Invasionsformen) ausbilden, anwendbar (sporenbildende Bakterien, Pilze, viele Protozoen). Invasionsreife („Invasionität"): nach Šul'c & Davtjan das

Erreichen einer Stufe, auf der die Invasion des (oder des folgenden) Wirtes durch Helmintheneier oder -larven möglich wird. Auch dieser Begriff ist überall anwendbar, wo besondere Verbreitungsformen ausgebildet werden. Invasionsaktivität („Invasivität“): Fähigkeit zum Befall eines empfänglichen Wirtsorganismus sowie zur Entwicklung und erfolgreichen (propagativen) Fortpflanzung bei diesem; dies entspricht etwa der Infektiosität.

Jedes Invasionsstadium ist demnach invasionsreif, aber nicht immer noch invasionsfähig (die Invasionsfähigkeit nimmt z. B. im Laufe der Zeit ab und ist auch von anderen Faktoren beeinflußbar). Oft wird dies terminologisch nicht berücksichtigt, es kann aber notwendig sein es zu beachten. Der Ausdruck invasiv bezieht sich mehr auf die Invasionsfähigkeit als nur auf die Invasionsreife.

Die Begriffe Infektion und Infestation sind auf den Temporärparasitismus nicht anwendbar, was seine nur oberflächlichen Beziehungen zum echten Parasitismus unterstreicht. Dagegen ist eine Anwendung bei Parasitoidismus und Mutualismus oft möglich.

5.2. Virulenz, Disposition und pathogene Wirkung

Virulenz (Angriffskraft) ist die Intensität der pathogenen Eigenschaften eines Parasitenindividuums oder -stammes (im weiteren Sinne bezieht man den Grad der Infektiosität mit ein). Für die Virulenz ist ihre Variabilität charakteristisch. Unter gewissen Bedingungen (z. B. Passagen bestimmter Wirte) kann sich die Virulenz eines Parasitenstammes ändern. Es gibt avirulente und virulente Stämme; letztgenannte können verschiedengradig hoch- oder schwachvirulent sein. Während Pathogenität eine Eigenschaft der Parasitenart ist (S. 39), ist Virulenz das Maß für die wechselnde Quantität pathogener Eigenschaften innerhalb der Parasitenart. Die konkrete pathogene Wirkung eines Parasiten wird daher im allgemeinen von beiden Faktoren beeinflußt (Übersicht 2). Beide gelten insofern für „normale“ Bedingungen, als sie innerhalb der historisch her-

Übersicht 2

Zusammenspiel individueller und artgebundener Eigenschaften bei Wirt und Parasit

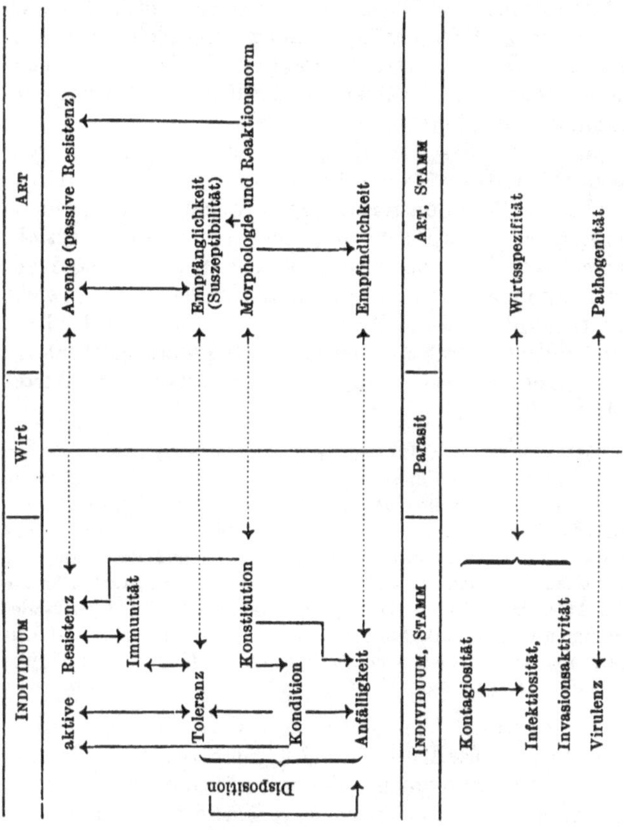

ausgebildeten Norm der Beziehungen zwischen Parasiten und Wirtsart wirken. Dazu gehören bestimmte Lokalisation der Parasiten, bestimmte Temperatur und vieles andere. Wird die Norm durchbrochen, so können „normalerweise" apathogene Parasitenarten großen Schaden anrichten (bedingte Pathogenität). Parasiten sind jedoch nicht grundsätzlich pathogen. Erstens führt das Durchbrechen der Norm nicht immer und nicht bei allen Parasiten zu Erkrankungen, und zweitens können auf die gleiche Weise schwere Erkrankungen durch normalerweise freilebende Organismen oder Entöken, Mutualisten, Kommensalen hervorgerufen werden.

Auf Seiten des Wirtes stehen diesen Faktoren die artgebundene Empfänglichkeit (S. 44) und Empfindlichkeit (Reaktionsnorm bei pathischem Reiz) sowie die individuelle Disposition gegenüber. Diese Hauptfaktoren bewirken zusammen, ob ein Parasitenbefall zustandekommt (ob sich ein individuelles Gleichgewicht zwischen Parasit und Wirt einstellen kann, Abb. 11) bzw. ob bei Befall durch eine pathopotente Parasitenart infolge Verschiebung des Gleichgewichts Erkrankung des Wirtes eintritt (Abb. 12).

Außer den Hauptfaktoren, die in Art und Individuum von Wirt und Parasit begründet sind, wirken auch noch andere Faktoren, z. B. die Zahl der eingedrungenen bzw. sich im Wirt vermehrenden Parasiten (numerische Invasionsschwelle), die Konkurrenz zwischen den Parasitenindividuen einer Art und fördernde oder hemmende Einwirkung der übrigen Glieder der Parasitozönose (S. 117). Auch äußere Bedingungen können auf das Zustandekommen eines Befalls Einfluß nehmen (z. B. müssen die Außenfaktoren bei pflanzenparasitischen Pilzen Keimung und erste Entwicklung gestatten).

Numerische Invasionsschwelle (= Minimum der Invasionsdichte, meist „numerische Infektionsschwelle"). Bei pflanzlichen und tierischen Wirten gibt es Fälle, in denen eine einzige Invasionsform (Keim, Spore, Larve oder ähnliches) genügt, um einen Befall herbeizuführen (z. B. bei Helminthen, Arthropoden; die Auswirkung für den Parasiten ist bei getrenntgeschlechtigen Arten ungünstig, da er nicht zur Reproduktion kommt). Es gibt Pilze und Bakterien, bei denen es mit einem Keim zu voll wirkendem Befall kommt; andere Pilze bedürfen,

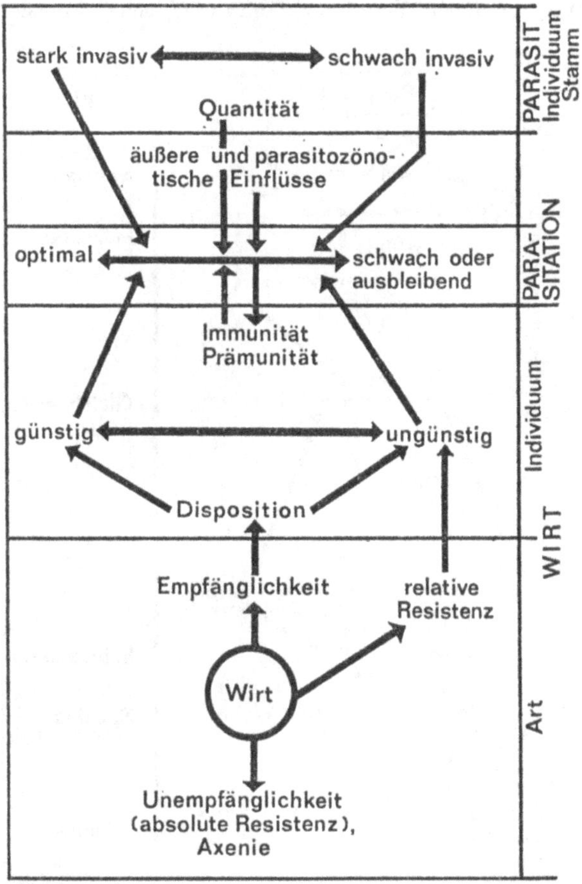

Abb. 11. Schema für das Zustandekommen eines Parasitenbefalls (gilt vollständig nur für Wirbeltiere) (Original)

wenigstens in bestimmten Generationen, des Zusammentreffens zweier geschlechtlich differenzierter Individuen. Eine Gruppe von Pilzen vermag nie mit einer Spore zum Erfolg zu kommen, hier haftet nur eine Masseninvasion. Bei Steigerung über das Optimum hinaus kann der Befallserfolg abnehmen. Vom Begriff der numerischen Invasions-

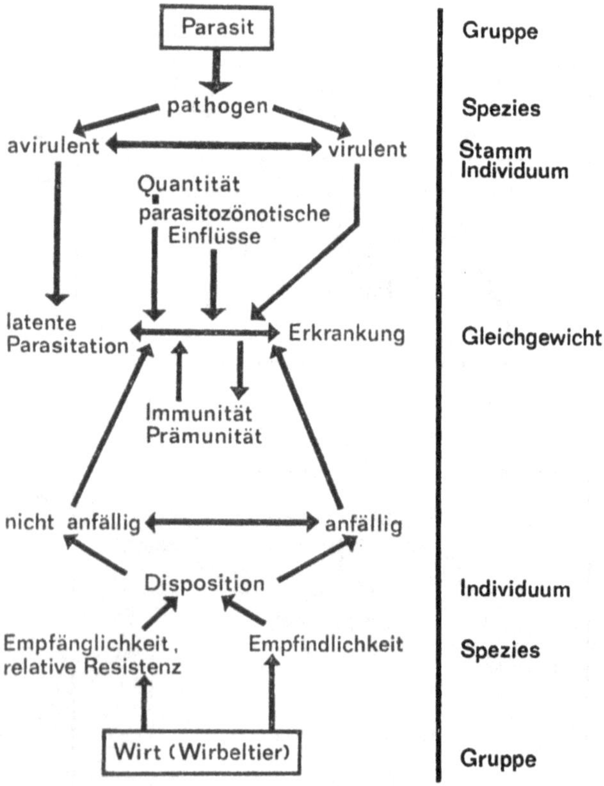

Abb. 12. Schema für das Zustandekommen einer Erkrankung des Wirtes (Wirbeltier) auf Grund von Änderungen beim Parasit-Wirt-Gleichgewicht im Rahmen der Norm (verändert nach PIEKARSKI)

schwelle ist der der numerischen Erkrankungsschwelle zu trennen.

Die Disposition (Übersicht 2) umfaßt alle individuellen Eigenschaften des Wirtsorganismus, die diesen einmal mehr oder weniger für Parasitenbefall (mit einer bestimmten Art und allgemein; Toleranz) geeignet, zum anderen (medizinischer Begriff der Disposition, Anfälligkeit) mehr oder weniger anfällig für eine Erkrankung durch pathopotente Parasiten machen. Dabei spielen Alter, Geschlecht, Rasse, Gesundheitszustand, psychische Belastungen, Stresswirkungen, Ernährungszustand und Ernährungsweise (z. B. Vitaminversorgung), „Erfahrungen" mit anderen Parasiten (Grundimmunität, S. 116), Konstitution und Kondition eine Rolle. Der Grad der Immunität gegen den betreffenden Parasiten gehört als „Immunitätslage" im weiteren Sinne auch mit zur Disposition, rechnet aber zu den sekundären Faktoren.

Das Alter der Wirtsorganismen kann für den Parasitenbefall von erheblicher Bedeutung sein. Es gilt die Regel, daß die Disposition mit zunehmendem Alter sinkt; Altersresistenz. Diese läuft oft auf einen Komplex von eigentlicher Altersresistenz, Grundimmunität und Immunität heraus. Daß eine echte Altersresistenz existiert, wird durch das häufigere Vorkommen nichtspezifischer Parasiten bei jugendlichen Wirten angedeutet. Beim Durchbrechen des durch Resistenz oder Immunität bedingten Schutzes wird oft beobachtet, daß nicht nur die für die Wirtsart spezifischen Parasiten sich ungehemmt vermehren beziehungsweise ansiedeln können, sondern auch (insbesondere bei Hunger, Erschöpfungszuständen, Vitamin-A-Mangel) nichtspezifische. — Allgemein erhöhen Hungerzustände die Disposition.

Es gibt Parasiten, die darauf spezialisiert sind, geschwächte Wirtsorganismen zu befallen (Schwächeparasiten; besonders in der Phytopathologie und Fischpathologie). Der Wirtskreis solcher Schwächeparasiten ist meist groß. In der Phytopathologie nennt man Parasiten thryptotroph, die sich durch Schwächung der Wirtsgewebe ihr weiteres Vordringen ermöglichen.

5.3. *Resistenz, Immunität, Prämunität*

Resistenz.[1]) Natürliche Resistenz oder Artresistenz (passive Resistenz, Axenie, vgl. S. 44 und Übersicht 2) und z. T. Altersresistenz sind Formen von angeborener (ererbter) Unempfänglichkeit einer Wirtsart für eine bestimmte Parasitenart. Die natürliche Resistenz ist spezifisch in ihrer Wirkung, während die Altersresistenz mehr unspezifischen Charakter hat. (Absolute) natürliche Resistenz im parasitologischen Sinne ist nicht gleich dem medizinischen Begriff der allgemeinen Widerstandsfähigkeit (gegen Erkrankung), der in dem Faktorenkomplex der Disposition enthalten ist und weitgehend unspezifischen Charakter hat. Die Ursache der passiven Resistenz (d. h. der Resistenz ohne eigentliche Abwehrreaktionen) besteht darin, daß der Wirt für den Parasiten ungeeignet ist (er ist nicht sein „spezifischer" Wirt, der Parasit ist an einen solchen Wirt nicht angepaßt).

Spezifisch ist auch die Resistenz von Teilen des Wirtsindividuums gegen bestimmte Parasiten: Organ-, Gewebe-, Zellresistenz. Die spezifische natürliche Resistenz ist zusammen mit der Suszeptibilität das Spiegelbild der Wirtsspezifität.

Der Parasit macht vielfach nicht den Versuch, sich bei dem nichtspezifischen Wirt anzusiedeln. So schlüpfen oft die Miracidien nicht aus der Eikapsel, wird diese von einer ungeeigneten Wirtsmolluske aufgenommen. Voraussetzung für ein solches Verhalten der Parasiten ist, daß sie sich 1. innerhalb einer widerstandsfähigen Schutzhülle (Cyste, Eikapsel, Spore und dergleichen) befinden und 2., daß sie den Wirt als „falsch" erkennen können.

---

[1]) Von manchen Autoren als „angeborene Immunität" bezeichnet.

Andere Parasiten suchen den Wirt aktiv auf (z. B. Cercarien, manche Nematodenlarven, viele Ektoparasiten). Sie haben ebenfalls innerhalb gewisser Grenzen die Fähigkeit, den „richtigen" Wirt auszuwählen. Eine 3. Gruppe kann den Wirt nicht aktiv auswählen und ist nicht durch Schutzhüllen gesichert.

Diese Parasiten fallen im ungeeigneten Wirt desssen normaler Physiologie (pH-Wert, Fermente usw.) zum Opfer, oder anatomische Eigenschaften verhindern die Ansiedlung (mechanische Schranken, z. B. Epithelschranke). Haut und Schleimhaut leisten nicht nur mechanischen Widerstand, sie haben auch eine chemische Schutzfunktion durch Schleim- oder Serumüberzüge. Vitalinhibine in Speichel und Geburtsschmiere von Säugetieren und im Hautschleim von Fischen wirken hemmend auf Parasitenbefall und -vermehrung. – Passive Resistenz bei Pflanzen: Eindringungsresistenz (mechanisch, von Kutikuladicke abhängig), chemische Resistenz (Stoffe im Preßsaft). – Die passive Resistenz kann relativ sein, z. B. wenn mit dem „richtigen" Wirt mehr oder weniger nahe verwandte oder diesem sonst (etwa physiologisch) ähnelnde Wirte (manche Nebenwirte, Fehlwirte) befallen werden, die für den Parasiten nicht so günstig sind wie der Haupt- oder der Vorzugswirt. Hier ist oft eine Trennung von aktiver Resistenz schwierig. Meist ist die passive Resistenz absolut (dann wird sie treffend als Axenie, Ungastlichkeit, bezeichnet).

Aktive Resistenz. Hier treten Abwehrmechanismen des Wirtes in Aktion. Die absolute aktive Resistenz verhindert die Ansiedlung mit dem Wirt zusammentreffender Parasiten vollständig durch Einsatz des angeborenen Abwehrsystems. Bei den verschiedenen Stufen der relativen Resistenz (frühzeitige, verzögerte, starke, schwache Resistenz usw.) richten sich die angeborenen allgemeinen (unspezifischen) Abwehrkräfte gegen eingedrungene und gegen bereits erfolgreich angesiedelte Parasiten. Der Grad aktiver Resistenz kann ein Indikator für die Anpassung der Parasiten sein. Die unspezifischen Abwehrkräfte sind meist zellulärer und geweblicher Natur: Phagozytose (weiße Blutzellen fressen Mikroparasiten, kleine Fremdkörper und Zelltrümmer), Entzündung, Abkapselung, Verkäsung und Verkalkung, Farbpigmentbildung, Abszeßbildung, Knötchenbildung, Wucherungen. Bei Tieren gibt es auch unspezifische humorale Abwehrfaktoren (wie Komplement, Lysozym, Properdin). Bei diesen läßt sich die aktive Resistenz oft schwer gegen den biochemisch-physiologischen Bereich der passiven Resistenz abgrenzen, beides geht ineinander über. So steht bei Lysozym die Schutzfunktion im Vordergrund, obwohl es bei manchen Wirbellosen im Verdauungsstoffwechsel eingesetzt wird, bei anderen milieubestimmenden Einfluß ausübt.

Die Begriffe „angeboren“ und „erworben“ werden unterschiedlich interpretiert. Meist gelten alle unspezifischen Abwehrreaktionen (zelluläre oder humorale) als angeboren, und nur die spezifische Unempfänglichkeit durch Antikörper bei Wirbeltieren gilt als erworben. Andere sehen alle Reaktionen, bei denen kein unveränderter Einsatz eines vorhandenen Abwehrapparates erfolgt, sondern eine Vermehrung der zellulären und humoralen Abwehrfaktoren eintritt, als erworben an. Dafür spricht, daß nur der Abwehr**apparat** angeboren ist, während die eigentliche Abwehr**reaktion** (ob als verstärkte Bildung von Phagozyten oder von Antikörpern) erst bei Kontakt mit dem Parasiten eintritt. Die Antikörperbildung wie auch die Produktion aller übrigen Schutzfaktoren können trainiert und sensibilisiert werden; beide Systeme werden also mit zunehmendem Alter „verbessert“ (auf „erworbenem“ Wege; vgl. unten über Grundimmunität).

Besondere Formen der aktiven Resistenz bestehen bei Tieren in der mechanischen Befreiung von Ektoparasiten, im Ablesenlassen durch „Putzer“ (symbiotische Parökieverhältnisse), bei Vögeln in „Selbstreinigung“ durch Einemsen (Einreibung mit Ameisen), Sonnen und Sandbaden.

Bei Pflanzen gelten als **normergische** Abwehr: plasmatische Abwehrreaktionen (gegen Parasiten), histogene Demarkationen (Bildung von Barrikadengewebe; auch gegen Toxine). An phagozytäre Vorgänge erinnert z. B. die „Verdauung“ von Pilzhyphen bei endotropher Mykorhiza. Ein anderer pflanzlicher Resistenztyp wird als „Entwachsen“ bezeichnet, er beruht auf dem Nichtzusammenfallen der empfänglichen Wirtsphase mit den parasitären Invasionsformen. **Hyperergische** Abwehr: Nekrogene (abortive) Reaktionen (gegen Parasiten), gummöse Demarkationen (gegen Toxine). Als Feldresistenz bezeichnet man die Selbstamputation von (z. B. mit Viren) infizierten Blättern.

Unter Immunität (sterile oder Postparasitationsimmunität) verstehen wir die im individuellen Leben erworbene Widerstandsfähigkeit gegen Befall mit einer bestimmten Parasitenart (oder -stamm). Diese natürlich erworbene spezifische Immunität entsteht bei und bleibt nach primärem Befall mit der betreffenden Parasitenart (Reinvasionsimmunität). Sie beruht bei Wirbeltieren (insbesondere Säugetieren) primär auf der Ausbildung spezieller Schutzfaktoren, der Antikörper oder Immunkörper, die im Blut u. a. Körperflüssigkeiten wirksam werden (Bestandteil der humoralen Abwehrreaktionen). Die Immunität ist meist relativ (kann durch hohe Dosen hochvirulenter Parasiten durchbrochen werden). Da sich die Immunität nicht nur gegen die Parasiten, sondern letztlich auch gegen die von ihnen verursachten Schädigungen richtet, verläuft eine entsprechende Krankheit bei Bestehen von Immunität abgeschwächt.

Immunität ist keinesfalls von aktiver Resistenz unabhängig. Bei den Immunitätsreaktionen kommt es zu einem Zusammenwirken mit Faktoren der aktiven Resistenz (Koordination spezifischer und unspezifischer Abwehrreaktionen). Es sind chemische und physikalische Faktoren (bakteriolytische Stoffe wie Lysozym, Enzyme, Mucin; Husten), vor allem auch chemische Faktoren in den Körperflüssigkeiten (Blut, Magensaft, Darmsaft, Speichel, Schleim usw.) beteiligt. Für die Phagozytierung von Mikroparasiten ist es notwendig, daß diese vorher durch im Serum vorhandene Opsonine und Komplement (durch Adsorption) empfindlich gemacht werden (Opsonierung). Spezifische Agglutinine begünstigen die Phagozytierung besonders bei stark beweglichen Mikroparasiten. Für eingedrungene Parasiten ist die lymphozytäre Schranke ein großes Hindernis. Der Zusammenhang zwischen (angeborener) Resistenz und (erworbener) Immunität (bei Wirbeltieren) ergibt sich daraus, daß das retikulo-endotheliale System Ausgangspunkt für zelluläre und humorale Abwehrreaktionen ist.

Die Dauer eines Immunitätsschutzes ist unterschiedlich. Bei Viruskrankheiten kann die Immunität lebenslänglich oder sehr lange anhalten, bei Bakteriosen meist weniger lange, bei Protozoonosen oft noch kürzer. Helminthen hinterlassen meist eine kürzere Immunität. Einige Infektionen (darunter solche des Menschen wie Gonorrhoe, Syphilis, Angina) lassen keine Immunität zurück.

Der Grad der Immunität ist serologisch kaum festzustellen, da Antikörpertiter und Immunität nicht parallel gehen. Die Schwere des Verlaufs einer Infektions- oder Infestationskrankheit ist meist ohne Einfluß auf den Immunitätsgrad. Bei bakteriellen und Virusinfektionen genügt einmaliger Befall, um Immunität zu entwickeln. In anderen Fällen scheint nicht ohne Einfluß, wie stark ein Befall war oder wie oft Reinvasionen stattgefunden haben.

Die Immunität bei Wirbeltieren beruht auf der Wirtsreaktion der spezifischen Antikörperbildung, die durch spezifische Antigene[1]) ausgelöst wird. Antigene (Ag) und Antikörper (Ak) reagieren spezifisch miteinander (Antigen-Antikörper- oder Immunitätsreaktionen, AAR). Die Ag wirken nur im parenteralen Bereich (innerhalb von Zellen, Geweben, Blut, Lymphe und ähnlichem, nicht im Lumen des Verdauungs- und Atmungstrakts).

Als Ag wirken kolloidal lösbare oder sehr kleine makromolekulare Fremdkörper biologischer Herkunft. Meist handelt es sich bei den Ag um Eiweiße (nur Eiweiße mit aromatischen Aminosäuren können Vollantigene sein). Ein Parasit weist oft mehrere Teil- oder Partialantigene auf. Nahe verwandte Ag besitzen ein oder mehrere gemeinsame Partialantigene. Darauf beruht die Kreuzimmunität (z. B. zwischen Syphilis und Frambösie, aber auch zwischen Rickettsien und bestimmten *Proteus*-Stämmen). Heterophile (oder heterogenetische) Ag regen nicht nur die für ihre Art spezifische Ak-Bildung an, sondern auch die von heterophilen (für eine andere Art spezifischen) Ak.

Die Spezifität der Ag beruht auf ihrer chemischen Struktur: Veränderungen dieser ziehen auch Veränderungen der Ag-Spezifität nach sich. Der für die Spezifität wesentliche Teil des Ag-Moleküls heißt determinante Gruppe.

---

[1]) Abkürzung von „Antisomatogene" (Antikörperbildner).

Die Antikörper sind ausschließlich Eiweiße. Durch die Wirkung der Ak werden die Parasiten selbst oder ihre Toxine in Struktur und Eigenschaften verändert und oft völlig zerstört. Es gibt 3 Formen der AAR:

1. Koagulationsreaktionen. Dabei bilden Ag und Ak Aggregate, die Moleküle vergrößern sich. Die Form dieser Reaktion hängt von der Form des Ag ab. In gelöstem oder kolloidalem Zustand tritt Präzipitation (Ausflockung, Niederschlag) ein, in korpuskulärem Zustand (ganze Parasiten, z. B. Bakterien) dagegen Agglutination (Verklumpung). Die entsprechenden Ak werden Präzipitine bzw. Agglutinine genannt, die Ag Präzipitinogene bzw. Agglutinogene. Bei Agglutination werden (bei beweglichen Parasiten) 2 Phasen unterschieden: 1. Immobilisierung oder Lähmung und 2. Agglomeration (Verklebung) der Parasiten zum Agglutinat.

2. Lysin- und Peptisationsreaktionen. Hier kommt es zur Verringerung der Molekülgröße des Ag und im Extremfall zu seiner Auflösung (vor allem bei Bakterien: Bakteriolysis). Ak mit zellauflösenden Eigenschaften heißen Zytolysine.

3. Zu den Neutralisationsreaktionen rechnen die Toxin-Antitoxin-Reaktionen sowie die Neutralisation der Viren. Die Neutralisation der Ektotoxine ist anfänglich eine Inaktivierung; später folgt eine Auflösung des Toxins.

Bei Befall mit einigen Zooparasiten werden vermehrungshemmende Immunstoffe gebildet.

Lokale Immunität, bei Pflanzen typisch, kann auch bei Tieren entstehen. PFLUGFELDER berichtet, daß bei Reinfektionen mit Coccidien die Sporozoiten nicht in der Lage sind, die Zellmembranen des Gallengangsepithels zu durchbohren. Dies wird als Blockierung oder funktionelle Immunität bezeichnet. Kurzdauernde Zellimmunität gegen bestimmte Viren kann durch (Auto-) Interferenz entstehen.

Evolution. Als allgemein verbreitete und ursprünglichste Abwehrreaktionen gelten im Tierreich die zellulären (Phagozytose und Abkapselung als Grundformen). Humorale Abwehr ist be-Wirbellosen unspezifisch (Bakterizidie, Bakteriolyse und Agglutii nation; größtenteils auf ein Lysozym zurückzuführen). Das Lysozym ist ein polyfaktorielles Enzym (generell: unspezifischer Schutzfaktor, teilweise: verdauende oder chitinolytische Funktion). Das Lysozym bleibt während der Phylogenese der Wirbeltiere als unspezifischer antibakterieller Schutzfaktor erhalten. Bei Vertebraten wird es durch das gegen gramnegative Bakterien gerichtete Properdinsystem (vielleicht nur bei Homoiothermen) und durch die eigentliche, spezifische Immunität ergänzt.

Der Wirtsorganismus erwirbt (außer der spezifischen Immunität der Wirbeltiere) eine unspezifische Grundimmunität (bei Tieren vor allem Sensibilisierung des zellulären Abwehrsystems). Die mit den zunehmenden „Erfahrungen" des Wirtsorganismus mit Parasiten ständig verstärkte Grundimmunität (immer bessere Trainierung und damit schnellere Wirksamkeit des unspezifischen Abwehrapparates) dürfte z. T. auch die Altersresistenz erklären. Auch bei Pflanzen gibt es eine Sensibilisierung, die eine Reinfektion (oder Sekundärinvasion mit verwandten Arten) verhindert oder erschwert (postinfektionelle, normergische Steigerung der Abwehrkräfte).

Unter Prämunität oder Prämunition verstehen wir die sog. Befallsimmunität (asterile oder Superinvasionsimmunität). Sie ist bei einigen Protozoonosen und vor allem bei Helminthosen verbreitet. Prämunität wird auch oft bei chronisch verlaufenden bakteriellen Infektionskrankheiten beobachtet. Sie ist an die Anwesenheit lebender Parasiten im Wirtsorganismus gebunden. Die Abwehrstoffe (Ak) verschwinden schnell nach dem Erlöschen des Befalls. Prämunität kann absolut sein. Nicht zu verwechseln mit Prämunität ist der in seiner Wirkung oft ähnliche Übervölkerungseffekt (S. 120) (oft bei Makroparasiten zu beobachten). Bei Prämunität stehen Wirt und Parasit in einem recht stabilen Gleichgewicht. Bei einigen Infektionskrankheiten (z. B. Brucellose) tritt Prämunität wie auch später Immunität auf. Absolute Prämunität verhindert Superinvasionen, relative schwächt diese ab (Immunität richtet sich gegen Reinvasionen).

Eine besondere Form lokaler Prämunität besteht bei Vertebraten in der sog. Selbstreinigung [self-cure; vor allem bei (Magen- und Darm-)Helminthen nach wiederholten Superinvasionen].

Dabei kommt es zu einem plötzlichen Ausstoß der Adultwürmer (oft von einem Anstieg des Antikörpertiters begleitet). Die Selbstreinigung wird bei einigen Helminthen mit Sensibilisierung der Darm- oder Magenschleimhaut des Wirtes in Verbindung gebracht. Das Erbrechen von Adultwürmern schließt sich hier an. – Bei Pflanzen ist lokale Prämunität bedeutungsvoll.

Zu den paraspezifischen Schutzmechanismen (Promunität, Depressionsimmunität, „Kreuzprämunität") gehört die (Hetero-) Interferenz bei Viren. Bei Befall mit Virusarten tritt bisweilen Unempfänglichkeit bzw. Unempfindlichkeit gegenüber Befall oder Erkrankung durch andere Virusarten auf. Diese Unempfänglichkeit ist zeitlich begrenzt. So hemmt das Virus der Hundestaupe bei Affen die Entwicklung des Poliomyelitis-Virus, das Gelbfieber-Virus verhindert bei Säugetieren eine Ansteckung mit dem Virus der enzootischen Hepatitis der Wiederkäuer. Interferonwirkung ist oft wesentlich breiter als in den angeführten Beispielen. Interferonbildung kann durch nichtvirale Stoffe stimuliert werden. Die Interferenz wird durch in den infizierten Zellen gebildete artspezifische Eiweiße (Interferone) verursacht, die die Synthese bestimmter Virusarten blockieren. Bei Pflanzenviren liegt mitunter eine Unempfänglichkeit für einen Virusstamm vor, wenn die Wirtspflanze bereits mit einem anderen Stamm derselben Art infiziert ist.

5.4. Parasitozönose

Die Parasitozönose ist nach PAVLOVSKIJ (1937) die Gesamtheit der Entoparasiten eines Wirtsindividuums. Sie ist die besondere Biozönose, die dem Wirt als „Biotop" (S. 148, 155) der Parasiten entspricht. Die Parasitozönologie erforscht die Erscheinungen und Gesetzmäßigkeiten des Zusammenlebens der verschiedenen Parasiten (und anderen Gäste) eines Wirtes und ihr Verhältnis zum Wirt.

In den Grundzügen ŽADIN folgend definierte LEVAŠOV (1958) die Biozönose als die „historisch entstandene, in einer gegebenen Etappe der Entwicklung dauerhafte Gruppierung von Organismen, die durch die Gemeinschaft des Aufenthaltsortes, des Wohngebietes und der hauptsächlichen ökologischen Merkmale sowie durch die im historischen Prozeß entstandenen und entstehenden Anpassungen der Organismen an abiotische und biotische Umweltbedingungen verbunden ist". Damit wird die Biozönose als Prozeß, der Anfang und Ende haben kann, aufgefaßt. Sie kann „aus einer größeren oder kleineren Anzahl von Gliedern bestehen, kann ein größeres oder kleineres Gebiet einnehmen". Diese Merkmale sind auch für die Parasitozönose gültig, wobei in einigen Punkten Modifizierungen und Ergänzungen notwendig sind, da es sich um einen besonderen Biozönosetyp handelt. Zum Beispiel rechnen zur Parasitozönose nicht nur die historisch mit dem Wirt verbundenen Gastorganismen, sondern auch alle zufälligen oder vorübergehenden Gastbesiedlungen. Levašov schlug eine Einteilung der Biozönosen auf der Grundlage des allgemeinsten Umweltfaktors vor, nämlich des Mediums, in dem die Organismen leben. Nach Sernov (1949) ist es zweckmäßig, im Gegensatz zu den Wasserorganismen von „luftlebenden" statt von „landlebenden" Organismen zu sprechen. Levašov führte daher die Bezeichnung Bioaërozönose für eine Lebensgemeinschaft luftlebender Organismen und Biohydrozönose für eine solche von Wasserorganismen ein (die Bodenbiozönosen sind diesen jeweils untergeordnet). Diese Begriffe werden wie der allgemeinere Begriff Biozönose umfassend angewendet oder beziehen sich auf größere oder kleinere Gebiete, deren kleinstes die letzte (relativ) selbstgenügsame biologische Einheit darstellt. Ebenso hat der Terminus Parasitozönose verschiedenen Umfang. Eine Parasitozönose ist die Gesamtheit der Parasiten und anderen Gäste, die in einem beliebigen Organ, in unmittelbar verbundenen Organen oder im ganzen Wirtorganismus leben. Odening (1959) schlug vor, den ursprünglich für Entoparasiten geprägten Begriff Parasitozönose durch den Ausdruck Entoparasitozönose zu ersetzen. Für die Ektoparasiten eines Wirtes sollte der Terminus Ektoparasitozönose gelten. Der Begriff Parasitozönose wird durch die Untergliederung nicht überflüssig (er umfaßt Ento- und Ektoparasitozönose).

Übersicht 3

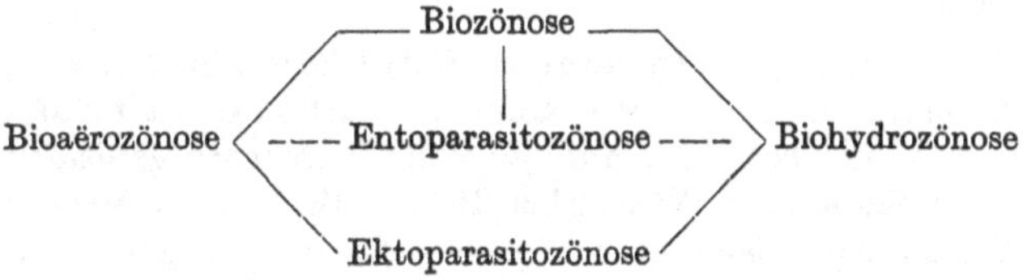

Übersicht 3 zeigt, daß die Ektoparasitozönose der jeweiligen Bioaëro- oder Biohydrozönose (in verschiedenem Grade) untergeordnet ist, während die Unterordnung bei der Entoparasitozönose je nach dem Unabhängigkeitsgrad des Wirtsinneren von der Außenwelt bis zur gleichrangigen Stellung zwischen den beiden Biozönosetypen der Außenwelt wechselt (bei homoiothermen Wirbeltieren). Die Einteilung der Biozönosen erfolgt nach dem umgebenden Medium und nicht nach dem Atmungsprinzip (Wassersäuger und Wasservögel gehören zur Biohydrozönose). Vom Atmungsprinzip her gäbe es für Parasiten 3 Möglichkeiten : anaërob, O_2-Entnahme aus Luft oder Wasser. Damit könnte die Parasitozönose nicht einheitlich definiert werden. Viele Parasitenarten gehören in verschiedenen Entwicklungsstadien bzw. Generationen (d. h. nicht gleichzeitig) zu verschiedenen Biozönoseformen.

In Anbetracht ihrer biozönotischen Natur umfaßt die Parasitozönose alle anderen Gäste des Wirtes mit (bei der Entoparasitozönose außer Entoparasiten auch Entöken, Mutualisten und Parasitoide, bei der Ektoparasitozönose Epöken, Kommensalen und Parasitoide). Die Temporärparasiten gehören meist nicht mit zur Ektoparasitozönose. Insofern entspricht die Parasitozönose der Endobiose (Höring 1962: alle vorübergehenden oder dauernden Gastbesiedlungen eines Wirtes). Der Begriff Entoparasitozönose bedarf oft weiterer Untergliederung, da die Gastbesiedlungen mancher Organe keine Beziehungen zueinander haben, z. B. die Parasitozönose des Mundes, der Vagina, des Dickdarms, des Pansens usw. Unter Vaginalbiozönose z. B. wird die Gesamtheit aller biologischen Elemente in der Vagina verstanden, Zellen des Wirtes und besiedelnde Organismen einschließend.

Beziehungen zwischen Gästen einer Art (Rasse, Stamm). In reiner Form können derartige Gesetzmäßigkeiten nur bei steril aufgezogenen Versuchsorganismen erforscht werden. Wesentlich für die Beurteilung solcher Beziehungen ist unter Umständen, ob die Parasiten gleichzeitig oder nacheinander in den Wirt gelangen (Gregärinvasion oder Superinvasion) (vgl. auch S. 106, numerische Invasionsschwelle). Bei der gleichzeitigen, mehr noch bei der Superinvasion größerer Parasitenmengen (namentlich bei Helminthen) entwickeln sich die (hinzugekommenen) Parasitenindividuen oft nicht optimal. Sie bleiben unter Umständen in der Größe zurück, die Eiproduktion erreicht nicht die sonst üblichen Werte. Dies kann durch individuelle Konkurrenz zwischen den Parasiten um Nahrung und Platz erklärt werden: Übervölkerungseffekt (overcrowding effect). Dieses Phänomen äußert sich auch in Verhinderung oder Einschränkung zusätzlichen Parasitenbefalls (hier ist eine Abgrenzung zur Prämunität unter Umständen schwierig). Bei Gregärinvasionen, vor allem durch Helminthen, wird oft die Zahl der „angehenden" Parasiten von vornherein als Regulierung der Befallsintensität eingeschränkt (hier ist eine Abgrenzung gegenüber relativer Resistenz des Wirtes gegen zu hohe Parasitenzahlen schwierig).

Eine Invasion mehrerer Miracidien gleicher Art in eine Schnecke ist meist nur annähernd gleichzeitig oder eine kurze Zeit lang möglich, während ein Befall bei schon bestehendem Parthenitaebefall mit der gleichen Art meist verhindert wird. Ähnlich ist es beim WINFIELD-Effekt: Cercarien bestimmter Arten encystieren sich nicht in einer Schnecke, die bereits mit Parthenitae der gleichen Art infiziert ist. Beispiele antagonistischer Beziehungen zwischen Individuen einer Art finden sich bei einigen Bandwürmern.

Beziehungen zwischen Gästen verschiedener Art. 1. Ko- oder Multiparasitismus (Parallelinfektion) – Zusammenleben verschiedener Parasitenarten bei ein und demselben Wirtsindividuum. Die vorliegenden umfangreichen Angaben beruhen meist auf statistischen, z. T. auf experimentellen Erhebungen, die Rückschlüsse auf antagonistische (im Extremfall gegenseitiger Ausschluß) oder synergistische Beziehungen zwischen verschiedenen Parasitenarten erlauben. Die Ursachen dieser Beeinflussungen sind noch weitgehend unbekannt. Es gibt Beobachtungen darüber bei Ekto- und Entoparasiten. Hier ist es unter Umständen wesentlich, zwischen gleichzeitigem (Ko- oder Parallelinvasion; Ergebnis: Simultankombination oder Mischinfektion) oder sukzessivem Eindringen (Sekundärinvasion; Ergebnis: Sukzessivkombination) der Parasiten in den Wirt zu unterscheiden.

Das Zusammenleben verschiedener Parasitenarten bei einem Wirt vollzieht sich gesetzmäßig. Innerhalb der Entoparasitozönose stellen nicht nur die Parasiten einer Art (in Form von Mikropopulationen, Organophänoten oder Larvophänoten) integrierte Organismenkollektive (infrapopulare Einheiten, S. 145) dar, sondern über die Gesamtparasitozönose oder räumliche Untereinheiten derselben hinausgehende enge Beziehungen treten auch bei verschiedenartigen Parasiten einer Gruppe auf, so daß man z. B. von besonderen Helminthozönosen sprechen kann.

Kisielewska (1970) stellte bei den Helminthenarten von *Clethrionomys glareolus* fest: 1. Antagonistische Beziehungen zwischen Arten mit gemeinsamem Integrationsmuster (Konvergenz ökologischer Nischen); 2. indifferente Beziehungen bei zufälligem Zusammentreffen von in ihren Ansprüchen und Übertragungswegen nicht näher verbundenen Arten; synergistische Beziehungen zwischen Arten, die verschiedene Ökonischen besiedeln und deren Übertragungswege konvergent sind. Den antagonistischen und synergistischen Beeinflussungen wird große Bedeutung für die quantitative Struktur einer Helminthozönose zugeschrieben.

2. Hyperparasitismus — Parasitismus 2. Grades, Parasitieren bei einem Parasiten.

Beziehungen zwischen Parasitenbestand und Wirt. Die komplizierten Wechselbeziehungen zwischen der

Gesamtheit der Gastbesiedlung mit dem Wirtsorganismus wurden bisher vor allem von medizinischer Seite im Zusammenhang mit der Körper- und besonders der Darmflora sowie mit Parallelinfektionen bearbeitet (u. a. Veränderungen der pathogenen Wirkung und der Lokalisation bestimmter Parasiten). Für manche Erkrankungen schaffen Makroparasiten eine Eintrittspforte, bestimmte Infektionen wirken als Schrittmacher für andere.

Beispielsweise bringt die Körperwanderung vieler Helminthenarten u. U. eine Einschleppung von Darmbakterien in die Gewebe mit sich. So entsteht eine als „black disease" bezeichnete schwere Erkrankung der Schafe durch Koparasitismus des Leberegels *Fasciola* mit *Clostridium novyi* (*Bacillus oedematiens*). Beziehungen bestehen offenbar auch zwischen der (bedingten) Pathogenität von *Entamoeba histolytica* und bestimmten Darmbakterien. Eine normale Folgebeziehung ergibt sich bei sogenannten sekundären Parasiten, die der Anwesenheit oder Vorarbeit anderer bedürfen (sogenannte primäre Parasiten benötigen diese Beziehung nicht).

Umgekehrt wirken sich Lebensumstände und Lebensweise des Wirtes auf die quantitative und qualitative Zusammensetzung und Dynamik seines Parasitenbestandes aus (insbesondere Alter — hiermit gekoppelt ist oft eine gesetzmäßige Parasitenfolge—, Ernährung und Gesundheitszustand des Wirtes). Dies wird aus der wechselnden Zusammensetzung der Darmflora beziehungsweise überhaupt der Körperflora deutlich.

Beziehungen zwischen Parasitenbestand und Außenwelt. Die Ektoparasitozönose ist Einwirkungen der Außenwelt gegenüber im allgemeinen mehr ausgesetzt und anfälliger als die Entoparasitozönose.

Änderungen der Außenwelt als Medium oder als geographischer Faktorenkomplex ergeben sich oft durch Wanderungen der Wirtstiere. Beispiele sind die Wanderfische, die zwischen Meer und Süßwasser wandern, sowie die Zugvögel. Bei Zugvögeln unterscheiden sowjetische Parasitologen Ubiquisten, südliche Parasitenformen (Befall während des Winteraufenthaltes), nördliche Formen (Befall während des Brutaufenthalts im Sommer) und

Migrationsformen (werden im Laufe der Wanderungen aufgelesen).

5.5. *Systematische Zugehörigkeit der Wirte*

Bakterien und Protisten können infolge geringer Körpergröße nur beschränkt als Parasitenwirte dienen. Ihre Einzelligkeit macht sie nur als Wirte für Zellparasiten geeignet, was einen hohen Integrationsgrad des Parasit-Wirt-Verhältnisses voraussetzt. Besondere Beziehungen bestehen zwischen Bakterien und Bakteriophagen (Wechsel zwischen Parasitoidismus und Parasitismus, S. 37). Bakterienkolonien reagieren auf Phagenbefall nach gewisser Zeit (in der ihre Auflösung durch Löcher, sogenannte Plaques, im Bakterienrasen erkennbar ist) durch Einstellung ihrer eigenen Reproduktion, wodurch auch die Phagenvermehrung sistiert. Ein Bakterienstamm, der temperente Phagen enthält, wird als lysogen bezeichnet, da bei Zusammentreffen mit einem anderen Bakterienstamm dieser andere lysiert werden kann (aber auch er selbst kann im Ergebnis bestimmter Umstände noch nachträglich lysiert werden). Das primäre Eindringen von temperenten Phagen in eine Bakterienkultur nennt man Lysogenisierung. Die temperenten Phagen sind in den genetischen Apparat integriert. Die Prophagen werden zusammen mit dem genetischen Material der Wirtszelle redupliziert. Lysogene Zellen sind für Phagen gleichen Typs unempfänglich (eine Art Prämunität). Bei der Lysogenisierung können kleine Mengen genetischen Materials der Bakterien durch die temperenten Phagen anf die lysogenisierten Bakterien übertragen werden (Transduktion, Häufigkeit 10^{-5} bis 10^{-6}). Durch die Lysogenisierung können sich Eigenschaften der Wirtszelle ändern.

Protozoen dienen als Wirte von Parasiten und Mutualisten. Parasiten der Protozoen sind Protozoen, Pilze und Bakterien, sehr selten Nematoden. Als Reaktion auf Parasitenbefall (z. B. durch Pilze der Gattungen *Sphae-*

rita und *Nucleophaga*) kann Hypertrophie der Kerne oder des ganzen Zellkörpers eintreten. Ähnlich wie Bakterien als echte Parasitenwirte ungeeignet sind, gilt dies für die meisten protozoischen Wirte; eine für echten Parasitismus charakteristische dauernde Koexistenz ist selten, das Verhältnis ähnelt oft mehr dem Parasitoidismus.

. Pflanzen zeigen als Parasitenwirte im Vergleich mit Tieren Besonderheiten. Sie sind auf die verschiedene Entwicklung und Organisation zurückzuführen: die Pflanze als „offenes System" ohne entwicklungsphysiologisches Steuerungszentrum, mit weitgehend umdifferenzierbaren Geweben, mit unbeschränktem Wachstum, ohne Nervensystem, ohne dem Blutgefäßsystem vergleichbares Transportsystem und ohne Exkretionssystem, das Tier als „geschlossenes System". Diese Unterschiede zeigen sich insbesondere bei den Abwehrreaktionen. Die Pflanze reagiert meist nicht als Ganzes auf den Parasitenbefall, da ihr zentral gesteuerte Mechanismen fehlen. Als Parasiten der Kormophyten treten in erster Linie Viren, Pilze, Nematoden und Bakterien auf (daneben Arthropoden und parasitische Kormophyten).

Wirbellose Tiere dienen in unterschiedlichem Maße als Wirte von Parasiten. Typische allgemein verbreitete Parasiten sind z. B. die Gregarinida. Insekten werden in charakteristischer Weise von Insekten parasitoidiert. Typische Parasiten der Gastropoden und Lamellibranchier sind die Parthenitae der Trematoden sowie die Aspidobothrii. Allgemein sind Viren, Bakterien, Pilze und Protozoen bei den meisten Wirbellosen verbreitet. Viele Pilze sind auf Insekten spezialisiert. Viele Wirbellose sind Wirte von Helminthenlarven,

Die Wirbeltiere sind infolge ihrer Größe (Nahrungsangebot) und Organisationshöhe besonders als Parasitenwirte geeignet. Die meisten Helminthen sind auf Wirbeltiere als Endwirte spezialisiert. Ebenso sind ganze Arthropodengruppen spezifische Parasiten von Wirbeltieren. Wirbeltiere haben spezifische Abwehrreaktionen gegen Parasiten entwickelt (S. 114).

6. Biozönotische Beziehungen zwischen Parasit und Wirt

6.1. Stellung in der Biozönose

Parasiten sind mit ihren Wirten Glieder von Ökosystemen. In der Biozönose, der lebenden Komponente des Ökosystems, stehen Populationen (S. 143) von Parasiten und Wirten miteinander und mit den Populationen der übrigen lebenden Glieder der Biozönose in Verbindung. Lebensraum der Biozönose ist der Biotop. Die Populationen sind mit biotischen und abiotischen Umweltfaktoren und Komplexen solcher Faktoren konfrontiert. Die Beziehungen zwischen den Populationen sind direkt oder indirekt, locker oder eng, einfach oder komplex. Die engsten direkten Beziehungen haben die Parasitenpopulationen zu ihren obligaten Wirtspopulationen. Grundlegende Beziehungen in der Biozönose sind die Energie- und Nahrungsbeziehungen (Energie- und Stoffkreisläufe, Nahrungsketten, Nahrungs- und Energiekonkurrenz), mechanische und chemische Beziehungen, Raumbeziehungen (z. B. Somatoxenie). In Bezug auf Energie und Nahrung besteht die Biozönose aus Produzenten (autotrophe Organismen) und Konsumenten (heterotrophe Organismen).

Nach Beklemišev ist der Parasitismus biozönologisch ein System von Relationen (vgl. S. 23, 32). Er unterscheidet topische, trophische, fabrikatorische und phoretische (Phoresie und Zoochorie) Beziehungen zwischen Artpopulationen. Die topischen und trophischen Relationen sind die häufigsten und wichtigsten. Topische Relation: Die physischen und/oder chemischen Umweltbedingungen werden durch die eine Partnerpopulation (die „konditionierende") in für die andere (die abhängige) günstigem oder ungünstigem Sinne geschaffen oder verändert. Topische Relationen sind einseitig (nur für die abhängige Art lebenswichtig). Für die Einordnung des Parasitismus (und aller anderen Somatoxenieverhältnisse) sind die topischen Relationen wichtig, in denen die „konditionierende" Art mit ihrem lebenden Körper ein günstiges Substrat für den Partner bildet. Nach BEKLEMIŠEV ordnen sich die trophischen Beziehungen der Parasiten ein in die Sarkophagie im weiteren Sinne (= Biophagie) und dort in die „Ernährung auf Kosten lebender Teile oder Säfte (ohne den betroffenen Organismus ganz zu verzehren)", vorausgesetzt, „die verzehrten Teile sind nicht speziell für diesen Zweck bestimmt, z. B. weidende Huftiere, Raupen auf Blättern, Parasiten" (und zwar nach HIRSCH zellophage, hämophage und molekulophage).

Nur unter trophischem Aspekt ergibt sich dabei eine Gleichstellung von Parasiten und weidenden Huftieren. Echter Parasitismus ist aber ein System von trophischen und topischen Relationen, womit eine Abgrenzung möglich ist.

Die indifferenten, synergistischen, antagonistischen, antibiotischen und probiotischen Auswirkungen von Beziehungen stehen insgesamt in einem von der natürlichen Biozönose weitgehend selbstregulierten biozönotischen Gleichgewicht. Trifft das nicht zu, liegt eine Sukzession vor (irreversible Aufeinanderfolge bestimmter biozönotischer Strukturen). Ist ein Gleichgewicht nur durch zeitweilige Eingriffe des Menschen möglich (z. B. in Kulturen von Organismen), spricht man von Fließgleichgewicht. Die Biozönose als kleinstes relativ selbstregulatorisches Komplexsystem besteht aus zahlreichen (nicht mehr dauernd selbstgenügsamen) Einzelsystemen, die sowohl in sich als auch untereinander mehr oder weniger (labil bis relativ stabil) ausgewogen sind. Alle Biozönosen stehen mit den benachbarten und nach dem Prinzip der Enkapsie mit den übergeordneten Einheiten in Verbindung.

Die Individuenanzahl der Populationen schwankt bei verhältnismäßig konstanten Bedingungen um Mittelwerte. Das biozönotische Gleichgewicht drückt sich im ausgewogenen Verhältnis von Reproduktion (R) und Sterblichkeit (M, Mortalität) innerhalb der einzelnen in einer Biozönose korrelierten Populationen aus: $R/M = 1$. An der Aufrechterhaltung dieses Gleichgewichts sind die Korrelation mit anderen Populationen, zahlreiche abiotische Faktoren räumlicher (geographisch, Biotop) und zeitlicher Aspekte (Jahreszeiten und größere Perioden) sowie innerartliche Konkurrenz um Nahrung, Energie und Raum beteiligt.

6.2. *Biotop und Biozönose als Medium der Übertragung*

In der Biozönose gibt es zahlreiche direkte Kontakte im zwischen- und innerartlichen Bereich, durch die die einzelnen Organismen gesetzmäßig oder zufällig verbunden sind. Im abiotischen Bereich des Ökosystems sind Luft, Wasser, Boden und tote organische Substanz, auch Substrate aus sessilen lebenden Organismen sowie unbelebte Gegenstände die Medien, mit denen die Organismen in Berührung kommen. Diese Medien ermöglichen indirekte Kontakte zwischen den Organismen. So entstehen zahlreiche Kontaktreihen von unterschiedlicher Bedeutung (sporadischer, häufiger, zufälliger, gesetzmäßiger Kontakt). Gesetzmäßige Kontaktreihen werden als Kontaktketten bezeichnet. Im zwischenartlichen Bereich ist die Nahrungskette eine der wichtigsten Kontaktketten. Sie beginnt mit autotrophen Produzenten; von dort aus gelangen Stoffe und Energie zu den (heterotrophen) Konsumenten, dort von Pflanzenfressern zu Fleischfressern. Verbindungen zwischen den Nahrungsketten einzelner Arten ergeben Nahrungssysteme. Im innerartlichen Bereich ergeben sich Kontaktketten durch Paarungsbeziehungen, Generationsfolge, Brutpflege und Zusammenleben in Gemeinschaften. Durch die Kontaktketten sind die Übertragungswege der Parasiten vom und zum Wirt gegeben. Der Weg des Parasiten von einem Wirt bis zum nächsten Wirtsindividuum gleicher oder vergleichbarer Kategorie ist ein Übertragungszyklus. Dieser ist bei homoxenen Parasiten ein einfacher Wirtsfolgezyklus, bei heteroxenen Parasiten ein Wirtswechselzyklus. Der allgemeine Begriff der Übertragung bedeutet das Hingetragenwerden oder Hinkommen eines Parasiten zum Wirt (Rezeptor) von einem Ort aus, an dem sich der Parasit befindet (Wirt oder Außenwelt: Donator). Die

Kontaktkette wird somit zur Übertragungskette (epidemiologisch: „Infektkette"). Eine Parasitenpopulation bedarf der Übertragungsketten unabdinglich, da sie ohne Sicherung des Übertragungsvorganges aussterben müßte. Der fortgesetzte Übertragungsvorgang gewährleistet die Verbindung zwischen Parasiten- und Wirtspopulationen im Raum-Zeit-Gefüge.

Die Übertragungsketten weisen für jede Parasitenart spezifische Merkmale auf. Allgemein werden sie nach ihrer Kontinuität, dem Wirtscharakter ihrer Glieder und nach dem Medium der Übertragung sowie nach ihrer „Übertragungsebene" eingeteilt.

1. Kontinuität. Kontinuierliche Übertragungsketten ohne Außenweltphase führen direkt und ununterbrochen von einem Wirt zum anderen (direkte und Kontaktübertragung). Der Parasit kann im allgemeinen außerhalb von Wirten nicht leben oder überleben. Durch Kontakt werden z. B. die Erreger von Geschlechtskrankheiten übertragen (Syphilis, Gonorrhoe, Beschälseuche der Pferde: Schleimhautberührung), ferner das Tollwut-Virus (hauptsächlich durch Biß), Läuse, Mallophagen, manche Hakensaugwürmer (Körperberührung), Trichine (Verzehr), Tabakmosaik-Virus.

Kontinuierliche Übertragungsketten mit Verbreitungsformen in der Außenwelt enthalten eine zur Übertragung bestimmte (propagative) Außenweltphase. Während dieser befindet sich der Parasit obligat in einem besonderen (mehr oder weniger begrenzten) Übertragungszustand (Viren und Bakterien in Aërosolen, Fäzes, Urin und anderem; speziell für den Übertragungsabschnitt in der Außenwelt ausgebildete Sporen, Cysten und ähnliches bei manchen Bakterien, Protozoen und bei Pilzen; Verbreitungsformen wie Eier und Larven von Helminthen).

Bei diskontinuierlichen Übertragungsketten wird der Lebensabschnitt in einem Wirt fakultativ oder obligat von einer selbständigen wirtslosen Periode abgelöst, die nicht unmittelbar der

Übertragung dient. Die Übertragungskette ist damit zeitweilig unterbrochen (freilebende Generationen mancher Helminthen, saprophytäre Phase vieler Pilze, mancher Bakterien). Ein Sonderfall dieses Typs liegt in den fakultativ zur Überbrückung einer wirtslosen Periode (z. B. Winter bei manchen pflanzenparasitischen Pilzen) ausgebildeten Dauerformen vor (Dauersporen und ähnliches).

2. Wirtscharakter. Bei homoxenen Übertragungsketten gehören alle beteiligten Wirte zur gleichen ontogenetisch-zyklischen Kategorie. Heteroxene Übertragungsketten sind die Übertragungsform heteroxener Parasiten.

3. Übertragungsmedium. Als Transportmittel können verschiedene Medien hintereinander geschaltet und ineinander geschachtelt sein, vor allem wenn man Transportwirte und Translatoren in den Übertragungsvorgang einbezieht. Medien sind Wasser, Luft, Boden und leblose Gegenstände, tote organische Materialien (tote Organismen oder Teile von ihnen, Kot, Harn, Exkrete, Sekrete, Schleim, Speichel), lebende Organismen (Transportwirte und Überträger). Der Übertragungsvorgang hat entsprechend seiner jeweils letzten Phase den Charakter einer Hydroinvasion, Aëroinvasion, Geoinvasion, Saproinvasion oder Bioinvasion.

4. Übertragungsebene. Horizontale Übertragungsketten gehen in den Wirtspopulationen von Individuum zu Individuum, wobei der Übertragungsweg ökologisch bestimmt ist und Transportmittel (im Sinne von 3.) benutzt werden. Vertikale Übertragungsketten gehen von einer Wirtsgeneration auf die nächste durch Weitergabe der Parasiten auf die Nachkommenschaft (transovariale oder pseudohereditäre Übertragung, Weitergabe auf vegetative Fortpflanzungskörper bei Pflanzen und ähnliches).

Die Übertragungsketten sind weiter durch die Endphase des Übertragungsvorganges bei einem Wirt (nach Weg: Hydro-, Aëro-, Geo-, Sapro- oder Bioinvasion; nach Form: Inokulation,

Kontamination, Penetration, Oralintroduktion, s. S. 98) sowie durch die Anfangsphase (Austritt der Parasiten oder ihrer Verbreitungsformen aus dem bisherigen Wirt) charakterisiert.

Das Verlassen des Wirtes erfolgt aktiv oder passiv durch Austritt oder Ausscheidung der Parasiten: als einfacher Übertritt (bei Ektoparasiten), mit Fäzes, Urin, Sekreten, Exkreten, durch Häute und Schleimhäute bzw. die Körperoberfläche oder Spaltöffnungen bei Pflanzen, durch Zerfall des gestorbenen Wirtes, durch Gefressenwerden des Wirtes oder durch Übernahme seitens anderer Parasiten (insbesondere Ektoparasiten). Des weiteren sind die Kontaktketten durch das Wirtsspektrum (die Wirtsspezifität, S. 41) des Parasiten (Mono- bis Polyxenie) bei den obligaten Wirtskategorien gekennzeichnet.

Die Übertragungsketten werden von den biotischen Faktoren beeinflußt, die von Wirts- und Parasitenpopulationen ausgehen. Es sind dies vor allem die Populationsempfänglichkeit (Summe von Resistenz, Disposition und Immunitätslage), Änderungen der Eigenschaften der Parasiten durch Mutation, Rekombination, Änderungen in der Biochemie, Bionomie oder Physiologie der Wirte und das Zahlenverhältnis der Partnerpopulationen beziehungsweise dessen Dynamik. Von diesem Zahlenverhältnis ist auch die Erreichbarkeit (Exposition) des Wirtes mit abhängig. Die Exposition für homoxene Stationärparasiten steigt mit zunehmender Populationsdichte, die Befallswahrscheinlichkeit ist proportional der Größe der Wirtspopulation (Farrsche Regel).

Die Außenwelt wirkt durch abiotische und biotische Faktoren auf die exogenen Phasen der Übertragungsketten. Die exogene Phase ist den Außenfaktoren um so mehr ausgesetzt, je länger der räumliche und zeitliche Abstand zum nächsten Wirt ist und je weniger spezielle Schutzvorrichtungen (Hüllen von Sporen usw.) ausgebildet sind. Der Parasit ist gegenüber der Außenwelt weiter um so mehr abhängig, je mehr er ihrer zur Entwicklung oder Vermehrung bedarf. Die Einwirkungen der Außenwelt sind unter Umständen von unterschiedlicher Bedeutung, je nachdem, ob die exogene Parasitenphase ein aktives (freilebende Form) oder passives Stadium (Spore, Cyste, Ei oder ähnliches) ist. Die Parasiten begegnen in der Außenwelt mannigfachen Störfaktoren (ungünstige Temperaturen, Lichtverhältnisse, Trockenheit, Feuchte usw., antibiotische Einflüsse anderer Organismen). Andererseits wirken Faktoren auf die Parasiten, die die Übertragung begünstigen, ja ermöglichen. Sie fördern die Parasitenformen und können beim Transport mitwirken: Übertragungsfaktoren. Wenn z. B. der Übertragungsweg in der Luft als Übertragungsmedium verläuft, kann der Wind (vornehmlich bei den Sporen von Pilzen) ein wichtiger Übertragungsfaktor sein (Anemochorie). Entsprechend können im Übertragungsmedium Wasser bestimmte Strömungen usw. wirken.

Sinnecker (1971) bezeichnet solche Übertragungsfaktoren als unspezifisch, deren Mitwirkung selbst nicht zum Ziel des Übertragungsvorgangs führt. Dies geschieht durch spezifische Übertragungsfaktoren, die durch spezifizierende Übertragungsfaktoren an die Stelle der unspezifischen treten. Beispielsweise erreichen die von Hunden mit dem Kot ausgeschiedenen Bandwurmeier den nächsten Wirt (einen Zwischenwirt) über den Kot oder den mit Kot verunreinigten Erdboden oder nach noch längerer Zeit über den Boden allein bzw. den von dort aufwirbelnden Staub (Sapro-, Geo-, Aëroinvasion). Für Nagetiere, die am und im Boden leben, ist dieser bereits spezifischer Übertragungsfaktor. Für den bisweilen empfänglichen Menschen ist der Faktor Boden oder Hundekot unspezifisch. Als spezifizierende Faktoren wirken hier am Boden schnüffelnde oder ihren After leckende Hunde, an denen die Bandwurmeier haften und auf die Hände von Menschen übergehen. Mit der weiteren Übertragung von der Hand auf Nahrungsmittel wäre ein für den Menschen spezifischer Übertragungsfaktor erreicht.

Evolution. In bezug auf den Parasiten am weitesten spezialisiert sind Übertragungszyklen ohne oder nahezu ohne Außenweltphase (direkte oder Kontaktübertragung). Bei den Übertragungszyklen mit Außenweltphase sind diejenigen ohne Entwicklung oder Vermehrung der Parasiten in der Außenwelt (sempiternale Parasiten) am weitesten entwickelt. Bei den Übertragungszyklen partimaler

Parasiten sind diejenigen mit Unterbrechung durch fakultativen oder obligaten, nicht zur Übertragung auf den nächsten Wirt bestimmten freilebenden Zustand meist am ursprünglichsten (sie gehören zu diskontinuierlichen Übertragungsketten); sie deuten oft auf einen relativ jungen Parasitismus hin. Zwischen diesen und den sempiternalen Parasiten steht die Gruppe der partimalen Parasiten mit zur exogenen Übertragung bestimmten Verbreitungsformen.

6.3. Abhängigkeit der Parasiten

Jede Parasitenart hat einen spezifischen (realen und potentiellen) obligaten Wirtskreis (Wirtsfolgekreis: vgl. Wirtsspezifität, S. 40). Während homoxene Parasiten nur einen obligaten Wirtskreis aufweisen, sind bei heteroxenen Parasiten 2 oder mehr Wirtskreise zu einem Wirtssystem (Wirtswechselsystem) verbunden. Gemischt obligat-fakultative Wirtssysteme entstehen durch Zuschaltung additionaler Wirtskreise (S. 84, 88) zu einem obligaten Wirtskreis oder einem obligaten Wirtssystem. Umfaßt ein Wirtskreis nur eine Wirtsart, so ist er monoxen (homonom), enthält er mehrere Arten, ist er polyxen (heteronom).

Jede Wirtspopulation zeigt eine bestimmte Raumverteilung (horizontale Populationsstruktur). Sie ergibt sich durch bestimmte Aufenthaltsorte oder Ansiedlungsstellen, die auf günstiges Nahrungsangebot, sonstige zusagende Faktoren oder zufällige Streuung und Verschleppung der Nachkommenschaft zurückzuführen sind. Die Populationsstruktur wird bei höherstehenden Tieren zusätzlich durch das Sozialverhalten bestimmt. Die vertikale Populationsstruktur besteht in der Generationenfolge (Altersaufbau).

Eine Dynamik der Wirtspopulationsgröße ergibt sich allgemein durch vorübergehenden Ortswechsel, räumlich-zeitlich mehr oder weniger ausgedehnte Wanderungen, durch den Wechsel der Jahreszeiten, klimatische Veränderungen, durch den Entwicklungsrhythmus der Wirtsarten und anderes. — Die Populationsgröße „zweier durch die Nahrungskette direkt verbundener Arten" (im typischen Falle spezifische Futterpflanze — Pflanzenfresser oder Räuber — Beutetier) unterliegt periodischen Schwankungen (VOLTERRAsche Regeln):

1. Periodische Zyklen: Die Individuenzahlen von Beute und Räuber ändern sich periodisch (auch bei konstanten Außenbedingungen; die Periode hängt nur vom Wachstumskoeffizienten ab);

2. Erhaltung der Durchschnittszahlen: Die Mittelwerte der Individuenzahlen sind unabhängig von den Populationsschwankungen und dem anfänglichen Zahlenverhältnis;

3. Störung der Durchschnittszahlen: Bei gleicher Verminderung beider Individuenzahlen nimmt zunächst der Mittelwert der Beute zu und der des Räubers ab. Umgekehrt steigen die Zahlen beider bei Zunahme der Beute zunächst an.

Damit schwanken die Populationen der meisten Wirtsorganismen periodisch. Das liegt aber meist nicht an der Beziehung Wirt-Parasit, sondern daran, daß die Wirtspopulationen mit anderen Organismenarten in Räuber-Beute- oder Pflanzenfresser-Pflanze-Verhältnissen stehen. Die VOLTERRAschen Regeln spiegeln sich oft auch in der Beziehung Wirt-Parasit wider, aber indirekt. Eine direkte Beziehung zweier Arten vom Räuber-Beute-Typ wird nur vorgetäuscht, sie liegt beim echten Parasitismus nicht vor. Die VOLTERRA-Regeln wirken sich nämlich nur sekundär auf das Wirt-Parasit-Verhältnis aus. Wir gehen davon aus, daß der Wirt normalerweise nicht vom Parasiten getötet wird. Er reguliert vielmehr durch seine eigenen (im typischen Fall nicht vom Parasiten verursachten) Populationsschwankungen (sofern er solchen vom VOLTERRA-Typ unterliegt) die Populationsgröße des Parasiten. Das biozönotische Verhältnis Parasit-Wirt ist demzufolge trotz äußerlich gleichen Erscheinungsbildes vom Verhältnis Räuber-Beute verschieden. Beim Räuber-Beute-Verhältnis werden die Schwankungen beider Partnerpopulationen wechselseitig bedingt, beim Parasit-Wirt-Verhältnis wirkt im allgemeinen nur die Wirtspopulation regulierend. Anders ist es beim Parasitoidismus, der biozönotisch dem Räubertum entspricht. Auch stark pathogene Parasiten, die ihren Wirt töten oder schwer beeinträchtigen können (z. B. Kastration), vermögen teilweise die Populationsgröße des Wirtes zu beeinflussen.

Der Unterschied zwischen Räubertum und Parasitismus wird von CROFTON (1971) vor allem im verschieden hohen Vermehrungspotential gesehen. Bei diesen Überlegungen kann es sich nur um einen stark vereinfachten Extremfall handeln, denn die Zahl der Parasitenarten, die ihren Wirt töten können, ist gering. Weitaus öfter vermag der Wirt, seinen Parasitenbestand zu kontrollieren, ebenso wie auch die Parasiten selbst ihre Zahl (bzw. Größe, Fortpflanzungsfähigkeit usw.) durch Konkurrenz bei Übervölkerung regeln können, was auch zur Aufrechterhaltung des Gleichgewichts beiträgt. Das hohe Vermehrungspotential der Parasiten ist vor allem eine Anpassung an Verluste auf dem Wege zum Wirt (weniger oder nicht an Verluste durch den Tod des Wirtes).

Die Populationsgröße der echten Parasiten nimmt mit der Steigerung der Populationsgröße des Wirtes zu, weil die Exposition der Wirtspopulation steigt. Dies äußert sich zunächst in einer Steigerung der Extensität des Parasitenbefalls (= Befallsprozentsatz, auf die Wirte bezogen Dispersion), in deren Verlauf auch die Intensität der Parasitierung (= Abundanz oder Parasitendichte je Wirtsorganismus) zunimmt. Während die Extensität mit 100% erschöpft wird, werden einer Steigerung der Intensität im allgemeinen durch das Zusammenspiel wirtlicher und parasitozönotischer Faktoren Grenzen gesetzt (z. B. innerartliche Konkurrenz der Parasitenindividuen um Raum und Nahrung/Energie, Abwehr des Wirts usw.). Damit kontrollieren das individuelle Gleichgewicht zwischen Parasit und Wirt und das parasitozönotische Gleichgewicht letztlich die Populationsgröße der Parasiten. Bei völliger Absättigung einer Parasitenpopulation durch die im Areal vorhandene Wirtspopulation kann, gefördert durch infraspezifische Konkurrenz bei den Parasiten, ein Populationsdruck entstehen, der zur Arealerweiterung oder zum Befall neuer Wirtsarten (oder zum Absterben überschüssiger Parasiten) führen kann. Biozönologisch sind also die Dynamik von Extensität und Intensität der Parasitierung einer Wirtspopulation sowie die Besonderheit, daß das Wirtsindividuum im allgemeinen nicht mit einem Parasitenindividuum, sondern mit Populationseinheiten von Parasiten meist mehrere Arten konfrontiert ist (der Parasit ist dabei Glied zweier Biozönosen), Merkmale des echten Parasitismus, die dieser z. T. mit dem Mutualismus und anderen Somatoxenieverhältnissen (nicht aber mit Räubertum sowie Parasitoidismus) gemeinsam hat. Beim echten Parasitismus (größtenteils auch beim Temporärparasitismus) wirkt der Parasit im allgemeinen nicht (oder nicht direkt) auf die Populationsgröße des Wirtes ein, er wird aber selbst von Schwankungen der Wirtspopulationsgröße betroffen. Beim Mutualismus wird im Gegensatz zum Parasitismus die Größe der Wirtspopulation durch Schwankungen der Größe der Mutualistenpopulation beeinflußt.

Fluktuationen vom VOLTERRA-Typ zeigen sich nicht nur durch direkte gegenseitige Verursachung der Schwankung der Populationsgröße zweier Arten nach dem Muster der Räuber-Beute-Beziehung oder der Parasitoid-Wirt-Beziehung, sondern auch in Populationsschwankungen, die durch (mehr oder weniger) periodische Schwankungen anderer limitierender oder fördernder Umweltfaktoren verursacht werden. Insofern haben die VOLTERRA-Fluktuationen allgemein-ökologische Bedeutung. Sie stellen also keine kennzeichnende Besonderheit der Parasit-Wirt-Beziehungen dar. Wie andere Organismen unterliegen auch Parasiten solchen Fluktuationen. Durch periodische Schwankungen ergibt sich oft eine säkulare und jahreszeitliche Befallsrhythmik. Eine säkulare Rhythmik wird z. B. beim Großen Leberegel (*Fasciola hepatica*) durch den verschiedenen Wetterverlauf einzelner Jahre bestimmt. SZIDAT (1968) vermutet einen Zusammenhang zwischen Sonnenfleckenaktivität und säkularer Rhythmik im Massenauftreten von Zooparasiten. Ein säkularer Rhythmus zeigt sich auch in den Oszillationen der **primären Seuchenwelle** bei vielen Infektionskrankheiten (SINNECKER nennt Erregerveränderungen als wahrscheinliche Ursache; sie könnten damit ebenfalls auf solare oder tellurische Wirkung zurückgehen, denen vermutlich mutagene Induktion zukommt). Die Oszillationen bedingen die **Epidemien** (**sekundäre Seuchenwellen**). Regelmäßige kürzere, meist jahreszeitliche Schwankungen werden epidemiologisch als **tertiäre Seuchenwellen** bezeichnet (sie haben Sinuskurven-Charakter). **Den Epidemien entsprechen die Gradationen** (**Massenwechsel**) **der Parasiten** (und anderer Organismen). Sekundäre Gradationen (Epidemien) haben meist das Erscheinungsbild einer unsymmetrischen Binomialkurve.

Nach Erreichen von 100%iger Extensität und „abgesättigter“ Intensität der Parasitierung einer Wirtspopulation können weitere Beeinflussungen der Dynamik der Parasitenpopulationen durch die Wirtspopulationen erfolgen, sofern diese die Fähigkeit zur Ausbildung einer Immunität besitzen. Eine hohe Populationsimmunität setzt die Exposition entsprechend herab. Dadurch kann das typische Bild von vorwiegend an das Kindesalter gebundenen Parasitierungen entstehen (z. B. Masern, Röteln).

Unter natürlichen Bedingungen gestalten sich die Beziehungen zwischen Parasiten- und Wirtspopulationen unvergleichlich komplizierter und komplexer als nach dem etwa in den VOLTERRA-Regeln analysierten **abstrakten** und isolierten Verhältnis zweier direkt verbundener Arten. Die natürlichen Verhältnisse sind daher oft schwer überblickbar und quantitativ kaum zu erfassen. Schon das Vorliegen polyxener Wirtskreise oder gar heteroxener Wirtssysteme mit mehr oder weniger polyxenen Wirtskreisen bringt eine vielfache Abhängigkeit des Parasiten von den einzelnen Wirtspopulationen und den Schwankungen ihrer Größe mit sich.

Beispiele für die quantitative Erfassung heteroxener Wirtssysteme sind die Malariagleichung von R. Ross und die Piroplasmosegleichung von MARTINI.

Malariagleichung: $u = 1 - \frac{q}{ab^2 s\gamma}$

Es sind u = infizierte Wirbeltierwirte, γ = Wirbeltierwirte mit Propagationsformen, q = Abgang, a = *Anopheles*-Zahl. $a = \frac{A}{P}$; A = Gesamtzahl von Vektoren im Biotop, P = Gesamtzahl der Menschen im Biotop (Siedlung). b = Aussicht des Zusammentreffens zwischen Vektor und Wirbeltierwirt; s = infizierte Vektoren. Bei Anstieg von P wird a und damit auch u kleiner. Bei Zunahme der Schizogoniewirte (Menschen) nimmt also bei der Malaria (unter sonst konstanten Bedingungen) die Extensität ab.

Piroplasmosegleichung: $u = 1 - \frac{q}{RA\gamma b^2 s}$

Dabei ist R = Rinderzahl. Bei Zunahme des Wirbeltierwirts steigt bei der Piroplasmose die Extensität an. Der Unterschied ergibt sich aus der Lebensweise der Avertebratenwirte: aktive Wirtssuche bei *Anopheles*, mehr passives Zusammentreffen bei den Zecken.

6.4. Epidemiologie parasitär bedingter Krankheiten

Es wurde dargelegt (S. 60), daß der Begriff des Überträgers phylogenetisch-ökologisch (Translator) oder epidemiologisch (Vektor) aufgefaßt werden kann. Entsprechend unterscheiden wir zwischen Translation (durch Translatoren) und Transmission (durch Vektoren). Als Vektoren werden Tiere (meist Arthropoden, aber auch Hirudineen, gewisse Fledermäuse und andere) bezeichnet, die pathopotente Parasiten entweder von einem Wirt oder von kontaminiertem[1]) Material oder aus dem Freien (beides Donator oder Spender genannt) auf einen anderen Wirt oder anderes Material wie Nahrungsmittel (Rezeptor oder Empfänger) übertragen. Der Vektor kann passiv oder aktiv befallen werden. Als Vektoren für Krankheitserreger des Menschen, der Nutztiere und Nutzpflanzen spielen Arthropoden die Hauptrolle, wobei kontaminative und inokula-

[1]) Als kontaminiert bezeichnet man durch übertragungsfähige Parasitenformen verunreinigte Gegenstände, Medien oder Substrate und oberflächlich verunreinigte (nicht parasitierte!) Organismen.

tive Transmissionen die größte Bedeutung haben. Als phagäre Vektoren treten die Arthropoden hinter Wirbeltieren und Mollusken etwas zurück. Es werden folgende epidemiologische Typen der Übertragung unterschieden.

Kontaminative Transmission und Invasion oder Penetration der Parasiten durch Verletzungsinokulation. Einfachster Übertragungsmodus ist anadaptive Transmission durch Berührung mit dem Vektor (taktiler Typ). Über Exkremente (exkretorischer Typ) des Überträgers (*Pediculus*) gelangt z. B. *Rickettsia prowazeki* von Wirbeltierwirt zu Wirbeltierwirt (Mensch) durch Zerdrücken infizierter Läuse und Einreiben in kleine Hautwunden (darunter die Läusestiche) und dergleichen (auch durch Staub aus eingetrocknetem Läusekot). Durch Zerquetschen (lymphatischer Typ) des Überträgers (Läuse) infiziert sich der Mensch mit *Borrelia recurrentis* (Erreger des Läuse-Rückfallfiebers). Bei den Rickettsien ist das Wirbeltier historisch sekundärer Wirt: Erst mit dem Ektoparasitismus einiger ihrer Arthropodenwirte konnten sie in Wirbeltiere gelangen (die Arthropodenwirte infizieren sich durch Blutsaugen am Wirbeltierwirt: Dieser ist „Translator".) – Zur phagären Transmission vgl. S. 63.

Durch inokulative Transmission und Invasion werden Viren, Rickettsien, Bakterien, Protozoen und Helminthenlarven übertragen.

Aus Arthropoden (größte und wichtigste inokulative Überträgergruppe) sind bisher über 200 Viren bekannt, die in Beziehung zu Erkrankungen des Menschen und anderer Wirbeltiere stehen: Arboviren (Arthropod-borne viruses). Eine andere Gruppe von Viren wird von Arthropoden auf Pflanzen übertragen. Die Arthropoden erkranken meist nicht an der Infektion. Ähnlich wie bei Rickettsien dürften Arthropoden historisch primäre Wirte sein. Oft ist eine Übertragung von Gliederfüßler zu Gliederfüßler möglich (z. B. transovarial bei Zecken), so daß das Wirbeltier nicht immer als obligates Glied dieser überindividuellen Parasitenzyklen anzusehen ist, zumindest nicht vom Gesichtspunkt der Entwicklung und Vermehrung der Parasiten. Die Ausbreitung von Gliederfüßler zu Gliederfüßler wird durch Zwischenschaltung der Wirbeltiere beziehungsweise Pflanzen als breiter Befallsquelle erleichtert. Die Anpassung an diese Zirkulation kann so weit fortgeschritten sein, daß der Wirtswechsel obligat ist. Inokulative Übertragung kommt auch bei einigen Rickettsiosen vor. Besonders spezialisiert ist die Übertragung gewisser Protozoen, was sich in der Evolution der Beziehungen zwischen Blutsaugern und Blutparasiten der Wirbeltiere ausdrückt.

Die Epidemiologie unterscheidet 4 Existenzformen von Krankheiten:

1. Sporadisches Auftreten in einem Gebiet, in dem die Krankheit ekdemisch (= nicht heimisch) ist (ohne zeitliche und räumliche Begrenzung, ohne Zusammenhang miteinander).

2. Endemie oder Enzootie: Die Krankheit ist in einem Gebiet heimisch und kommt dort ständig ohne zeitliche, aber mit räumlicher Begrenzung vor.

3. Epidemie oder Epizootie: Gehäuftes Vorkommen einer Krankheit mit zeitlicher und räumlicher Begrenzung.

4. Pandemie oder Panzootie: Gehäuftes Vorkommen mit zeitlicher aber ohne räumliche Begrenzung.

Sporadisches und endemisches Vorkommen sind die Ausgangslagen für die Massenentwicklungen (Epidemie und Pandemie). Nach der Schnelligkeit der Massenentwicklung werden Explosiv- und Tardivepidemien unterschieden.

Die Krankheiten des Menschen und der Wirbeltiere werden nach Übertragung, Herkunft, weiterer Entwicklung und anderem (nicht ganz einheitlich: Mehrdeutigkeit und Uneinheitlichkeit mancher Begriffe) klassifiziert.

I. Einteilung nach Übertragung und Reservoir (ließe sich abgeändert auch auf Krankheiten von Wirbellosen und Pflanzen anwenden). Zoonosen sind dabei Tierkrankheiten im weitesten Sinne, Anthroponosen auf den Menschen beschränkte Krankheiten.

1. Geonosen (z. B. Geozoonosen und Geoanthroponosen): Übertragung von der Außenwelt her; Erreger haben ein nichtanimalisches Reservoir in Wasser, Boden oder auf Pflanzen. Es sind dabei 2 parasitologisch-bionomische Gruppen zu unterscheiden.

In der einen Gruppe („Saprozoonosen") handelt es sich um Parasiten, die saprobiotisch wie auch parasitär leben können (fakultative Parasiten, fakultative Saprobionten sowie Arten mit obligat parasitärer und saprobiotischer Phase). Es sind vorwiegend Pilze und einige Bakterien. Dieser Gruppe entsprechen viele pilzliche Parasiten der Pflanzen. Von Helminthen gehören nur die mit freilebenden Generationen (z. B. *Strongyloides*) oder mit sich in der Außenwelt ernährenden Stadien hierher (sofern saprobiotische Ernährung vorliegt).

Anderen Charakter haben Protozoen und Helminthen sowie Pilz- und Bakteriensporen, die sich in der Außenwelt nicht ernähren. Sie lassen sich einteilen in Arten, die sich im Freien fertigentwickeln (partimale Parasiten) und solche, die sich dort nicht fertigentwickeln (sempiternale Parasiten), sondern schon invasionsfähig sind.

2. Bionosen (z. B. Biozoonosen und Bioanthroponosen): Übertragung unmittelbar von einem anderen Wirt aus; Erreger haben ein tierisches oder menschliches Reservoir.

A. Direkt-Bionosen („Direkt-Zoonosen und -Anthroponosen"): Homoxene Erreger werden ohne Vektor von Wirbeltier zu Wirbeltier übertragen.

B. Vektor-Bionosen (Vektor-Zoonosen und -Anthroponosen): Homoxene oder heteroxene Erreger werden durch Vektoren auf Wirbeltiere übertragen.

a) Wirbeltiere als Vektoren („Zyklo-Zoonosen"): Erreger werden von Wirbeltieren auf Wirbeltiere übertragen.

b) Wirbellose als Vektoren („Meta-Zoonosen"): Erreger werden durch Wirbellose auf Wirbeltiere übertragen.

II. Einteilung nach der Beziehung zwischen Tier- und Menschenkrankheiten (auf die Humanmedizin zugeschnitten).

1. Zoonosen: Tierkrankheiten, deren Erreger auf den Menschen übertragbar sind.

2. Anthroponosen: auf den Menschen beschränkte Krankheiten (Erreger kann nur in menschlichen Populationen ununterbrochen existieren).

3. Anthropozoonosen: Krankheiten, deren Erreger in tierischen wie auch in menschlichen Populationen ununterbrochen existieren können.

4. Zooanthroponosen: Erreger an den Menschen angepaßt, können aber gelegentlich Tiere befallen (ohne sich im allgemeinen in tierischen Populationen dauernd halten zu können).

Mit dieser Einteilung kann die vorhergehende kombiniert werden (Geozoonosen, Biozooanthroponosen usw.).

III. Einteilung nach der Übertragungsrichtung zwischen Mensch und Tier:

1. Zoonosen — nur unter Tieren (beziehungsweise gleichermaßen unter Tieren und Menschen):
2. Anthroponosen — nur unter Menschen;
3. Anthropozoonosen — vorwiegend vom Menschen auf Tiere;
4. Zooanthroponosen — vorwiegend von Tieren auf Menschen.

Reservoirlehre. In jeder Wirtsfolge (Folge von obligaten und fakultativen Parasitenwirten sowie von Transportwirten) gibt es einen vorhergehenden und einen nachfolgenden Wirt. Der vorhergehende Wirt ist Donatorwirt (beziehungsweise epidemiologisch „Reservoir"), der nachfolgende ist Rezeptorwirt. Jeder Rezeptorwirt wird zum Donatorwirt, sofern er invasionsfähige Parasitenformen produziert, entläßt oder beherbergt (damit hat jeder Wirt Reservoircharakter, nur im allgemeinen der Fehlwirt nicht). Der epidemiologische Begriff des Donators oder Reservoirs schließt außer Wirten auch Örtlichkeiten und Gegenstände im Freien (z. B. Boden, Wasser, tote organische Stoffe) ein, wo Parasiten existieren können und von wo aus eine weitere Übertragung auf Rezeptorwirte möglich ist.

Nach der Bedeutung der einzelnen Parasitenwirtsarten als Reservoire (Parasitenreservoir, Reservoirwirte[1])) für Infektions- und Infestationskrankheiten werden unter Umständen primäre und sekundäre Reservoire und inner-

---

[1]) Nicht zu verwechseln mit den paratenischen Wirten, die vom sowjetischen Schrifttum ausgehend bisweilen auch als Reservoir- oder Reservewirt bezeichnet werden. Auch der paratenische Wirt hat Reservoircharakter, nur ist der epidemiologische Begriff des Reservoirwirtes allgemeiner.

halb derselben erst- und zweitrangige Reservoire unterschieden. Primäre Reservoire üben in den typischen Verbreitungsgebieten des Parasiten ständig Reservoirfunktionen aus. Sekundäre Reservoire dienen zusätzlich und fallweise, besonders außerhalb der typischen Verbreitungsgebiete, als Reservoir. Eine Einstufung als erst- oder zweitrangige Reservoire ergibt sich nach der Bedeutung für die ununterbrochene Erhaltung der Übertragungsketten. Die epidemiologische Bedeutung einzelner Wirtsarten kann geographisch, landschaftlich beziehungsweise je nach der Biozönose und zeitlich wechseln. Gebiete primärer Reservoire sind also die primären Zentren (Herde) des Parasitenvorkommens, von denen eine Ausbreitung (meist durch Tierwanderungen) zu sekundären Reservoiren erfolgt. Im klassischen Fall sind in Naturlandschaften lebende Wildtiere primäre Reservoire (zwischen denen der primäre Zirkulationszyklus abläuft). Bei Herdausdehnung durch Herdgrenzenpulsation erfolgt Befall sekundärer Reservoire (z. B. Haustiere in Kulturlandschaften und Mensch), wodurch sekundäre Zirkulationszyklen möglich werden. Die Areale der primären Reservoire werden nach PAVLOVSKIJ Naturherde genannt. Herdausdehnungen und -verlagerungen ergeben sich durch Veränderungen im Ökosystem, insbesondere in Biozönose und innerhalb der Populationen (Gruppendynamik; bei Tieren periodische oder aperiodische Wanderungen). Kurzzeitige Erweiterung des Herdgebietes (Herdgrenzenpulsation) geht meist auf aperiodische Migrationen (z. B. infolge Wettereinwirkungen) zurück. Bei längeren Wanderungen können neue (mit den alten nicht mehr in Verbindung stehende) Herde entstehen. Die Einzel- oder Elementarherde der Parasitenpopulationen liegen im allgemeinen innerhalb weniger oder nicht geeigneter Gebiete. Elementarherde sind in Kerngebiet (der Parasit kommt hyperendemisch vor) und Randgebiet (hypendemisches Auftreten) gegliedert, die fließend ineinander übergehen. Das die Randgebiete der einzelnen

Elementarherde verbindende Gebiet wird als Einstreugebiet bezeichnet (hier kann sich der eingeschleppte Parasit nicht halten).

7. Populationsbiologie und Evolution der Parasiten

7.1. Populationsbiologie und Biogeographie

Jede Parasitenart hat ein bestimmtes Verbreitungsgebiet (zusammenhängend und geschlossen: kontinuierlich; sich auf mehrere getrennte Teilgebiete erstreckend: diskontinuierlich oder disjunkt). Die Parasitenart tritt uns in erster Linie in Form ihrer einzelnen Populationen entgegen. Populationen sind die in einer Biozönose ständig vorkommenden Vertreter einer Art. Die Mitglieder einer Population haben untereinander die engsten ökologischen und genetischen Beziehungen (verglichen mit anderen Populationen derselben Art).

Das Speziesareal eines Parasiten setzt sich aus den einzelnen Populationsarealen (im allgemeinen dem Biotop einer Biozönose entsprechend) zusammen. Das Speziesareal umfaßt wie das Populationsareal nur das Gebiet, in dem die Parasitenart „endemisch" ist. Es ist somit auch ständiges Zirkulationsareal des Parasiten. Die sehr verschiedenen Arealgrößen der einzelnen Parasitenarten werden von einem Komplex verschiedenster Faktoren bestimmt. In erster Linie sind die Adaption an bestimmte Wirtsarten (die Wirtskreise) und die Abhängigkeit von abiotischen Einzelfaktoren (z. B. Temperatur, Feuchte) und Faktorenkomplexen (z. B. Landschaft Klima) einschließlich spezifischer Übertragungsansprüche sowie von den biotischen Faktoren der Populationsgröße und -empfänglichkeit der Wirte entscheidend. Ein historischer Faktor äußert sich nicht nur in der Anpassung an bestimmte Wirte, sondern auch in Entstehung und Evolution der Parasitenart in einem ganz bestimmten Gebiet (z. B. biogeographische Region oder Kontinent oder kleiner) und nicht in einem anderen.

Bei holotopen Parasiten decken sich Areal von Parasit und Wirt, bei Hemitopie kommt der Parasit nur in einem Teil des Wirtsareals vor. Die hemitopen Malariaerreger benötigen eine Temperatur über 16 °C, um sich in den Stechmücken (*Anopheles*) entwickeln zu können; daher entspricht die Grenze des Areals der Plasmodien etwa der 16 °-Sommer-Isotherme. Das Wirtsareal kann größer, aber auch kleiner sein. Im letzteren Fall springen meist nahe verwandte Wirtsarten ein (geographischer Wirtsvikarismus). Parasitenareale verändern sich auch unter dem Einfluß des Menschen. Der Mensch hat durch seine Ausbreitung und seine weltweiten Migrationen das Areal einiger eigener sowie mancher Parasiten mitgeführter Haustiere und Kulturpflanzen erheblich erweitert, was bei einigen zur nahezu kosmopolitischen Verbreitung geführt hat. Andererseits schränkt der Mensch durch planmäßige Bekämpfungsmaßnahmen die Areale gefährlicher Parasiten ein (Verschwinden aus ganzen Ländern und Kontinenten, vielleicht bei einigen völlige Liquidierung).

Nach der Größe der Speziesareale unterscheidet man Globalareale (weltweite Verbreitung), Zonalareale (Beschränkung auf bestimmte Breitengrade), Regionalareale (meist Begrenzung auf ein oder 2 Kontinente oder Teile derselben oder innerhalb eines Kontinents). Die natürlichen Areale (vom Menschen weitgehend unbeeinflußt) sind oft an biogeographische Regionen oder an Bioregionen (Großlebensräume) gebunden. Das Speziesareal ist in Elementarherde (Populationsareale, S. 142) gegliedert. Die Verbindungen zwischen den einzelnen Populationsarealen können unterschiedlich sein. Bei Parasiten hängen diese über den Einzelherd hinausgehenden Beziehungen weitgehend von Beweglichkeit bzw. Biotopbindung der Wirte oder der Ausbreitungsmöglichkeit der Übertragungsformen ab. Je stärker die Biotopbindung der Parasitenpopulation, um so stärker ist sie der Isolierung und deren genetischen Auswirkungen unterworfen. Stärker isolierte Parasitenpopulationen neigen zur Bildung von Stämmen (Deme, Biotypen oder physiologische Rassen), die sich in bestimmten, meist biochemischen oder physiologischen Eigenschaften von den anderen Stämmen der Art unterscheiden.

An Hand ihrer Merkmale gliedert HOARE die Stämme nach Unterschieden in den Umweltansprüchen (Ökodeme), im von ihnen hervorgerufenen Krankheitsbild (Nosodeme), in den Wirten (Xeniodeme) und im geographischen Vorkommen (Klinodeme).

Die Parasitenpopulationen haben nicht nur ein geographisches Areal, sie leben auch in Form von Teilpopulationen bei ihren Wirten. Der Parasit ist Glied zweier Biozönosen (der Biozönose des Wirtes und der Parasitozönose). Die Parasitozönose entspricht bei Ektoparasiten einer Choriozönose oder Mikrobiozönose, einer Teilbiozönose — bei Entoparasiten ist sie qualitativ eigenständiger. Angesichts der „doppelten" räumlichen und biozönotischen Beziehungen der Parasiten hat MACKO (1961 ff.) die infrapopulare Gliederung bei Helminthen analysiert. Viele dieser Erkenntnisse lassen sich mutatis mutandis auf alle Parasiten anwenden.

Die Helminthen einer Population existieren nach MACKO[1]) in Form von „Phänoten" (Phänotypen), die durch Umweltverhältnisse und Entwicklungsstadium (oder Generationstyp) bestimmt werden:

1. Organophänote - in einem Endwirtsindividuum schmarotzende niedrigste Infrapopulationseinheit. Hier findet Fremdbefruchtung (einseitig oder wechselseitig) oder Selbstbefruchtung statt.

2. Larvophänote - ohne Befruchtungsvorgänge.

a) Abiophänote - im Biotop der Wirtspopulation freilebende Larvenformen;

b) Biophänoten - parasitische Larvenformen in Zwischenwirten (und paratenischen Wirten);

Nach MACKO (1964) muß bisweilen zwischen Organophänoten und Mikropopulationen unterschieden werden. Damit sind 3 grundsätzliche Arten der Generationsfolge bei Helminthen in bezug auf das Wirtsindividuum als Umwelt umrissen. Demgemäß spielen sich die infraspezifi-

---

[1]) Die „Parthenophänoten" MACKOS fassen wir als Mikropopulationen, z. T. auch als Organophänoten auf.

schen und die hauptsächlichen genetischen Vorgänge bei Helminthen auf dreierlei Weise ab:

1. in Organophänoten innerhalb von Wirten (hier Befruchtung und Rekombinationen, wobei die Autogamie eine Sonderstellung einnimmt, da sie die Kombinationsmöglichkeiten verglichen mit Fremdbefruchtung einschränkt; keine Generationenfolge):

2. in Mikropopulationen innerhalb von Wirten (Befruchtung, Kreuzungsmöglichkeit, Rekombinationen sowie Generationenfolge);

3. in Populationen außerhalb des Wirtes (sonst wie bei 2.).

Der 1. Fall ist für die meisten Helminthen typisch. Der 2. Fall (Vermehrung in Mikropopulationen) ist z. B. bei einigen Phytonematoden sowie bei *Probstmayria* (Oxyurata; Pferd) und *Ollulanus* (Strongylata; Katze) verwirklicht. Bisweilen ist die Existenz in Organophänoten und in Mikropopulationen kombiniert.

So kommt bei den Nematoden *Tachygonetria* und *Thelandros* (Oxyurata) multiplikative neben propagativer Reproduktion vor. Ähnliches gilt für einige Pectobothrii-Monogenea (Gyrodactylidae).

Der 3. Fall ist für die Larvalparasiten typisch (größtenteils Parasitoide). Die Reproduktion von nur in Larven- oder Jugendzuständen parasitären Formen erfolgt in der Außenwelt. Durch Generationswechsel gibt es mitunter eine Kombination der 1. und der 3. Möglichkeit, z. B. bei *Strongyloides*, wo eine parasitisch in Form von Organophänoten existierende Generation mit freilebenden, sich in der Außenwelt vermehrenden Generationen abwechseln kann.

Nach Macko (1964) wird die Population (im typischen Fall) bei Helminthen bestimmt durch:

„1. von einem umgrenzten Gebiet gleicher Eigenschaften – Biotop,

2. von einer relativen geographischen Isolation,

3. von einer Möglichkeit wechselseitiger Befruchtung der Einzelwesen durch Vermittlung von Organophänoten,

4. von einer Festigung der genotypischen Konstitution (gene pool) in nacheinander folgenden Generationen,

5. von einer Entwicklungsverbundenheit der Helminthen mit dem Biotop und seiner Biozönose.“

Entstehung, Entwicklung und Untergang einer Helminthenpopulation hängen von komplizierten ökologischen und genetischen Prozessen in den Biozönosen ab.

Durch die infrapopulare Existenzform der Organophänote unterscheiden sich die Helminthen populationsökologisch von den Mikroparasiten. Viren, Bakterien, Protozoen, ein Teil der Pilze sind durch die infrapopulare Existenzform der Mikropopulation gekennzeichnet. Der Organophänote entspricht die Infestation als Parasitierungsform, der Mikropopulation die Infektion (einschließlich der „Makroinfektion", S. 101). Der Begriff Organophänote ist auf parasitische (mehrzellige beziehungsweise mehrkernige) Pilze anwendbar, wenn diese keine eigentliche multiplikative Reproduktion (Generationenfolge) im Wirt aufweisen. Er gilt auch für Pentastomiden.

Abiophänoten (Außenweltformen ohne Vermehrung) kommen nicht nur bei Helminthen, sondern auch bei Protozoen, Pilzen, Bakterien und Viren vor. Die Anwendung des Begriffes der Biophänote (Form ohne multiplikative oder propagative Reproduktion in Wirten) hängt davon ab, ob ein echtes Parasit-Wirt-Verhältnis vorliegt. Der Begriff Biophänote gilt also außer für Larven-Zwischenwirte (S. 83) und paratenische Wirte der Helminthen auch für solche adaptiven Translatoren anderer Parasiten, in denen keine Vermehrung der Parasiten erfolgt. Translatoren (beziehungsweise Vektoren) mit multiplikativer Vermehrung der Parasiten enthalten dagegen Mikropopulationen. Daraus resultiert eine Gleichwertigkeit von Wirbeltierwirt und Wirbellosenwirt bei vielen Viren, Rickettsien, Spirochäten und Protozoen hinsichtlich der Einwirkunsgmöglichkeiten der Umwelt „Wirt" auf genetische Prozesse bei den Parasiten. Der Begriff Biophänote ist hingegen auf Transportwirte, also anadaptive Überträger, nicht anwendbar, da ein solcher Wirt als Milieu (im Gegensatz zu einem Parasitenwirt) auf die Ausbildung eines Phänotyps der Parasiten keinen oder nur schwachen Einfluß hat. Parasitenformen in oder auf Transportwirten gehören daher zur Abiophänote.

Es ergeben sich als allgemeine infrapopulare Existenzformen der Parasiten 2 Grundformen. Die eine ist durch

Nichtvermehrung gekennzeichnet (sie entspricht der Mackoschen Larvophänote im erweiterten Sinne, aber ohne „Parthenophänoten"), die andere durch Reproduktion:

1. Larvophänoten (keinerlei Reproduktion), nichtreproduktive Existenzformen

a) „Abiophänote" — besser nichtparasitierende Larvophänote[1]) (in Außenwelt und in Transportwirten)

b) „Biophänote" — besser parasitierende Larvophänote[1]) (in Parasitenwirten)

2. Reproduktive Existenzformen

a) Organophänote (im Wirt, nur propagative Reproduktion)

b) Mikropopulation (im Wirt, mit multiplikativer Reproduktion)

c) freilebende (Gesamt-)Population (Vermehrung in der Außenwelt)

Larvophänoten und Organophänoten sind (im Gegensatz zu den Mikropopulationen) Hemipopulationen. Darunter versteht Beklemišev solche Populationen, deren Angehörige („heterotope Organismen") einen Teil ihres individuellen Lebens in dem einen Milieu (Biotop) und einen anderen Teil in einem anderen Milieu (zum Beispiel Mikrobiotop) verbringen.

Viele Parasiten (namentlich Helminthen) existieren in Hemipopulationen. Für andere (z. B. viele Pilze, einige Bakterien, die heteroxenen Viren und Protozoen) ist ein solcher Milieuwechsel nicht während des individuellen Lebens, sondern im Laufe von Generationsfolge oder Generationswechsel typisch. Wechsel zwischen Außenwelt (Gesamtbiotop) und Wirt (Mikro-„Biotop"), z. B. bei solchen Pilzen und Bakterien, bei denen saprobiotische Phasen mit parasitären wechseln, bedeutet eine Aufeinanderfolge von Gesamtpopulationen und Mikropopulationen. Der Wirtswechsel bei heteroxenen Viren, Rickettsien, Spirochäten, Proto-

---

[1]) Die Namen „Abio- und Biophänote" sind nicht glücklich, da auch in den reproduktiven Populationseinheiten „abiotische" (d. h. freilebende) und „biotische" (d. h. parasitierende) Existenzformen vorliegen.

zoen und Pilzen bedeutet eine Aufeinanderfolge von Mikropopulationen in verschiedenem Wirtsmilieu. Diese Aufeinanderfolge gilt auch für homoxene Viren und Bakterien ohne Außenweltphase, wobei aber das Milieu nicht heterogen ist (Homotopie). Für die Populationsbiologie (insbesondere Populationsgenetik) sind diese Unterschiede in den popularen Existenzformen der Parasiten und ihre Aufeinanderfolge in Zusammenhang mit der jeweiligen Entwicklungs- und Fortpflanzungsweise der Parasiten von größter Bedeutung. Infrapopulare Stammbildungen sind z. B. am häufigsten bei homoxenen Parasiten, die nur in Form von Mikropopulationen (z. T. unter Einschaltung von nichtparasitierenden Larvophänoten) existieren (viele Viren und Bakterien, manche Protozoen). Hier ist der Einfluß der Wirtsart als Milieu am größten. Die große Bedeutung der Mikropopulationen für die Stammbildung zeigt sich auch bei heteroxenen Parasiten, wo „mehrgleisige" Stämme entstehen können, vor allem wenn beide obligaten Wirte Mikropopulationen enthalten. Auch über Organophänoten können Stammbildungen erfolgen, nur erfordert dies zahlreiche Passagen der gleichen Wirtsart und dauert im allgemeinen länger. Daher gibt es z. B. bei Trematoden häufig Stammbildungen bei den Parthenitae (Änderungen der Wirtsspezifität); Stammbildungen über Organophänoten oder parasitierende Larvophänoten sind seltener und langsamer.

Macko (1966) nennt Endwirtsmodifikationen bei Helminthen Hostophänoten (Organophänoten einer Population können bei verschiedenartigen Wirten verschiedene Phänotypen ergeben). Wirtsmodifikationen äußern sich bei Helminthen vor allem in der Körpergröße (z. B. wird *Fasciola hepatica* in der Maus nicht so groß wie im Rind) und morphologisch, unter Umständen auch in der Lebensdauer und anderem. Bei Mikropopulationen von Mikroparasiten sowie bei Larvophänoten werden morphologische Modifikationen bisher kaum beachtet. Bei Mikropopulationen metazoischer Parasiten (z. B. Parthenitae von Trematoden und den von ihnen erzeugten Cercarien, auch bei Arthropoden) sind Wirtsmodifikationen nicht auszuschließen. Daher ist Hostophänote ein allgemeiner Begriff und auf alle infrapopularen parasitischen Existenzformen anwendbar.

7.2. Genetik und Evolution

Die großen Parasitengruppen verhalten sich genetisch nicht einheitlich. Wesentlich ist, ob Kreuzbarkeit vorliegt oder nicht. Man sah bisher in Viren und Bakterien „Agamospezies", d. h. Organismen ohne (zwei-)geschlechtliche Fortpflanzung (Kopulation von Gameten, Kreuzung von Erbanlagen, Rekombinationsmöglichkeit), deren Abkömmlinge nicht 2 Eltern, sondern nur einen aufweisen. Durch die Entdeckung von Rekombinationen bei Viren und Bakterien (Transduktion, Konjugation: „Parasexus alität") wird die Vorstellung von primären Agamospezie- eingeschränkt. Es bleibt ein beträchtlicher (allerdings nicht absoluter) Unterschied zu den „Gamospezies" (vgl. Abschnitt 2.6.). Parasitische Agamospezies oder sich vorwiegend als solche fortpflanzende Arten neigen zur sympatrischen (ökologischen) Artbildung, da sich genetische Änderungen ohne ständige Kreuzung mit nicht mutierten Individuen schneller durchsetzen. Die Schnelligkeit der Entstehung von Stämmen ist umso größer, je höher die Vermehrungsgeschwindigkeit ist (am größten bei Viren und Bakterien). Überwiegend als Agamospezies pflanzen sich die meisten parasitischen Protozoen fort. Der meist mit Folgen von Entwicklungskreisen (S. 69) kombinierte Generationswechsel gestattet dort ausgedehnte ungeschlechtliche Vermehrung (günstige Voraussetzung für die Entstehung von Stämmen). Dies gilt z. T. auch für die Pilze. Bei Trematoden ist die Zahl der Parthenitaegenerationen nicht so hoch, ihre Aufeinanderfolge nicht so ausgedehnt (trotzdem relativ schnelle Stammbildung über die Parthenitaewirte).

Sympatrische Artbildung äußert sich bei Parasiten meist als wirtliche Differenzierung (im infraspezifischen Bereich ist in einigen Gruppen Monoxenie mit innerartlicher Differenzierung und parasitophyletischer Gliederung verbunden).

EICHLER (1967) stellt fest, daß sich bei parasitischen und temporärparasitischen Insekten „bei zunehmend ausgeprägter

Wirtsspezifität die infraspezifische Differenzierung von der geographischen auf die wirtliche Ebene verlagert. Eine ausgeprägte Wirtsspezifität in einer parasitischen Insektengruppe kann daher als Kriterium dafür gewertet werden, daß für die wirtliche Differenzierung der Parasiten die Subspezieskategorie angewandt werden kann. Es scheint sich hierbei um eine allgemeine Regel im Bereich des Parasitismus zu handeln".

Die Populationsgröße beeinflußt die Evolution (in erster Linie von Organismen mit zweigeschlechtlicher Fortpflanzung). Bei Parasiten ergeben sich besondere Schwankungen der Populationsgröße. In kleinen Populationen (oder Infrapopulationseinheiten) wirken genetische Änderungen eines Individuums stärker auf den gene pool der Gruppe als in großen. Parasiten mit Verbreitungsformen in der Außenwelt haben meist ein hohes Fortpflanzungspotential in Anpassung an Verluste. Dies äußert sich in regelmäßiger vertikaler Fluktuation der Populationsgrößen. Dies hat populationsgenetische Folgen, da die Dezimierung der Überproduktion an Verbreitungsformen auf dem Wege der Selektion (oder auch des Zufalls) erfolgen kann, zum anderen aber die parasitischen Formen als kleinere Populationseinheiten der Gendrift ausgesetzt sind (Abb. 13).

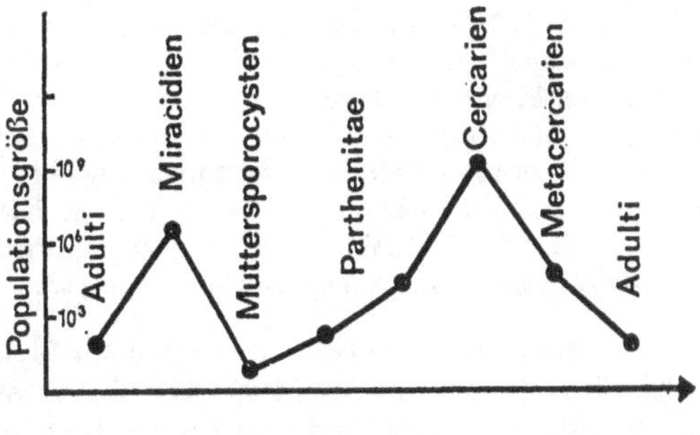

Abb. 13. Schwankungen der Populationsgröße bei Trematoden im Ablauf des Lebenszyklus (in Anlehnung an JONES)

Auch allopatrische (geographische) Artbildung spielt bei Parasiten eine Rolle. Sie kann ebenfalls auf wirtlicher Differenzierung beruhen. Besonders vielzellige „Gamospezies" neigen zu allopatrischer Differenzierung. Bei metazoischen Parasiten erfolgt verschiedentlich ein Übergang von zweigeschlechtlicher Fortpflanzung (Paarung zweier Individuen und damit Kreuzung) zur Parthenogenese (Nematoden, Trematoden, Insekten) und zur Autogamie (Cestoden, Trematoden) (sekundäre „Agamospezies"). Auch bei Pilzen führt die Evolution in Form der Fungi imperfecti zu sekundären „Agamospezies". Kreuzung wird dadurch eingeschränkt oder verhindert, womit Mutationen als genetische Änderungen vor die Kombination rücken. Im allgemeinen wirkt die Fortpflanzung sekundärer „Agamospezies" (Parthenogenese, Autogamie) aber als stabilisierender Evolutionsfaktor (Tendenz zur Homozygotie, Gleichförmigkeit der Populationen).

Bedeutung der geschlechtlichen Fortpflanzung. Man hat den Übergang zur Parthenogenese (ebenso wie zur Neotenie) bei Tieren oder überhaupt den Fortfall der zweigeschlechtlichen Fortpflanzung bei Organismen mit einer Verbesserung der Lebensbedingungen oder mit dem Andauern günstiger Lebensumstände in Verbindung gebracht, da manche Arten bei Verschlechterung ihrer Existenzbedingungen zur bisexuellen Fortpflanzung zurückkehren. Die parasitische Lebensweise gilt als optimal, da ein Überangebot an Nahrung herrscht und der Wirt in gewissen Grenzen Schutz bietet (z. B. vor Räubern, Konkurrenten) und vor den Unbilden der Außenwelt abschirmt. Dies hängt damit zusammen, daß die zweigeschlechtliche Fortpflanzung eine größere genotypische Variabilität der Organismen zur Folge hat, dank derer sich eine Art durch Auslese leichter an ungünstigere oder auch nur häufig wechselnde Bedingungen anpassen kann.

Parasiten, deren Lebenszyklus in entscheidenden Phasen innerhalb von 2 oder mehr stärker verschiedenen Umwelten abläuft, neigen zu divergenter Evolution, deren Ausdruck z. B. stärkere morphologische Verschiedenheit gewisser Generationen, unterschiedliche Ontogenese oder auch sich nicht deckende Verschiedenheiten bei Larven und Adulten sind. Eine divergente Entwicklung kann für die Parthenitaegenerationen einerseits und die Adultwurm-Generationen der Trematoden andererseits angenommen werden, auch für die parasitischen und die freilebenden Generationen einiger Nematoden (*Strongyloides*, *Rhabdias*). Vielleicht gibt es bei Trematoden z. T. noch eine dritte Evolutionsrichtung der Cercarien (zuzüglich der Metacercarien); dafür sprechen einige Nichtübereinstimmungen von Cercarienklassifikation und Adultensystematik. Bei heteroxenen Viren und Bakterien wurde bisher keine divergente Evolution beobachtet, dagegen bei heteroxenen Protozoen, wahrscheinlich auch bei Pilzen.

Evolution großer Parasitengruppen. JONES (1967) vergleicht die Parasitengruppen mit der Lebewelt der biogeographischen Regionen. Er stellt den Übergang zum Parasitismus mit dem Einsetzen einer Isolation bei freilebenden Organismen gleich (Isolation von freilebenden Verwandten). Danach wären einige Parasitengruppen mit der heutigen australischen Marsupialierfauna vergleichbar (nahe verwandte Glieder einer relativ kleinen und alten Ausgangsgruppe) — das würde für parasitische Plathelminthen und für die Acanthocephalen (vielleicht auch für die Viren?) zutreffen (monophyletischer Übergang ganzer Gruppen zum Parasitismus). Andere Parasitengruppen sind mit den Bewohnern eines mit Unterbrechungen isolierten und schubweise besiedelten Kontinents wie Südamerika vergleichbar, wo alteingesessene Formen mit späteren und ganz jungen Einwanderern koexistieren — diesen Verhältnissen ähneln die parasitischen Protozoen, Nematoden, Arthropoden, Pilze und Bakterien (polyphyletischer Übergang zum Parasitismus).

Zur Evolution von Parasitenzyklen siehe Abschnitt 3.2.

Früher war es üblich, die Parasiten (vor allem die mehrzelligen) als degeneriert anzusehen, weil einige nicht mehr nötige morphologische Merkmale in der Evolution rückgebildet werden. Rückbildungen kommen aber auch bei freilebenden Organismen vor. Die „Regression" bei metazoischen Parasiten betrifft meist nicht das Zentralnervensystem. Den Rückbildungen (meist von Sinnesorganen und Lokomotionssystem) stehen progressive Neubildungen in Anpassung an die parasitische Lebensweise, der Steigerung der Vermehrung dienende Veränderungen im Reproduktionssystem und der Erwerb komplizierter Lebenszyklen mit entsprechenden physiologischen Anpassungen gegenüber. Es ist deshalb unangebracht, die Evolution der Parasiten grundsätzlich als „morphophysiologische Regression" zu bezeichnen. Es tritt morphophysiologische Regression wie auch Progression auf. Die biologische Seite des Evolutionsprozesses läuft bei den Parasiten immer progressiv ab (darunter versteht SEVERCOV zahlenmäßige Zunahme, Erhöhung der Lebensdauer, Eroberung neuer Areale, Aufspaltung in neue taxonomische Einheiten). Nach ŠUL'C & GVOZDEV könnten die Mesozoen zu den wenigen Parasitengruppen gehören, die Züge einer (zum Aussterben führenden) biologischen Regression aufweisen.

Die Parasiten zeigen innerhalb bestimmter Großgruppen oft Höherentwicklung (sie erreichen höhere und komplexere Organisationsstufen). Die Evolution der Parasiten geht aber nicht über gewisse Gruppen (Klasse, Phylum) hinaus, womit die Grenzen ihrer Höherentwicklung umrissen sind. Gründe dafür liegen im polyphyletischen Ursprung der Parasiten, aber auch im Parasitismus, der — mit Spezialisierung verbunden — die Entstehung grundsätzlich neuer Organisationsstufen meist nicht zuläßt (dies ist wohl nur bei freilebenden Organismen möglich, die der Wurzel ihrer Gruppe nahestehen und wenig spezialisiert sind).

7.3. Evolutionistische Beziehungen zwischen Parasit und Wirt

Grundlage evolutionistischer Beziehungen zwischen Parasiten und Wirten ist die Wirtsspezifität der Parasiten (S. 40). Nach der FUHRMANNschen Regel (1908) besitzt jede Ordnung der Vögel ihre besondere Cestodenfauna. Dies ist mit gewissen Einschränkungen als Faustregel auch auf alle anderen obligaten Parasiten (vor allem die enger spezialisierten) und Wirtsgruppen anwendbar. Die Evolution stenadaptiver Parasiten kann in Richtung einer Einengung der Wirtsspezifität durch Spezialisierung auf einen oder wenige Wirte vorsichgehen. Bei euryadaptiven Parasiten kann die Evolution in Richtung einer Erweiterung der Wirtsspezifität durch Anpassung an neue Wirte ablaufen.

Die Evolution von Parasiten mit dominierender „phylogenetischer" Wirtsspezifität. Davon ausgehend, daß der Wirt (Mikro-)„Biotop“ des Parasiten und somit eine lange Zeit gleichbleibende Umwelt ist, entstand der Gedanke einer Evolution des Parasiten in Zusammenhang mit der des Wirtes, einer Parallelentwicklung (phylogenetischer Parallelismus oder phylogenetische Korrelation) über mehr oder weniger lange Zeit. Im allgemeinen wird als Voraussetzung dafür angesehen, daß es sich um permanente Parasiten handelt und daß, zumindest in den betreffenden Perioden, ein hoher Grad „phylogenetischer“ Wirtsspezifität (vgl. S. 42) vorliegt. Da Artbildung und Phylogenese der Parasiten den gleichen Gesetzmäßigkeiten wie bei freilebenden Organismen unterliegen, ist ihre Weiterentwicklung in erster Linie von Veränderungen ihrer Umwelt (also vor allem ihres Wirtes) abhängig (Umwelt 1. und 2. Ordnung und ihre verschiedene Graduierung nach der Unabhängigkeit des Wirtes von der Außenwelt, Unterschiede zwischen Ekto- und Entoparasiten usw.). Als umweltskorrelierte Änderung beobachtet man bei vielen Parasiten eine („orthogenetische“) Weiterentwicklung in einer für jede Parasitengruppe charakteristischen Richtung (diese ist für die Parasitenart nicht immer nützlich oder zweckmäßig). Um innerhalb solcher Entwicklungslinien „höherentwickelte“ und „primitivere“ Parasitenformen zu erkennen, bedarf es genauer Kenntnis der in jeder systematischen Parasitengruppe anderen Entwicklungstendenz.

Aus der Parallelentwicklung von Parasit und Wirt ergeben sich die 3 ersten und hauptsächlichen von Eichler (1941–42) aufgestellten „parasitophyletischen (oder parasitogenetischen) Regeln“.

1. Die Fahrenholzsche Regel besagt, daß sich „bei stetigen Parasiten aus der Systematik der Parasiten meist unmittelbar auf die Verwandtschaft der Wirte schließen läßt.“ Diese Regel beruht auf der Feststellung, daß sich viele Parasiten parallel zu ihren Wirten entwickelt und aufgespalten haben. Da die Entwicklung der Parasiten oft hinter der der Wirte hinterherhinkt (retarded evolution), haben nahe verwandte Wirte

oft noch näher verwandte oder gleiche Parasiten. Während also die Verwandtschaftsverhältnisse der Wirte oft nicht mehr erkennbar sind, lassen die Verwandtschaftsbeziehungen ihrer Parasiten Rückschlüsse zu.

Dem Nachhinken der Evolution des Parasiten bei Parallelentwicklung entspricht nach SZIDAT (1956) die „Zeitfolge-Beziehung" zwischen den Änderungen von Flora und Fauna bzw. zwischen Umwelt und Organismus in der Erdgeschichte.

2. SZIDATsche (oder Evolutionsrichtungs-) Regel, derzufolge „bei stetigen Parasiten sich aus der Organisationshöhe der Parasiten meist unmittelbar auf das relative Stammesalter der Wirte schließen läßt". Unter „Organisationshöhe" ist dabei auch oder überhaupt die Stellung in der „orthogenetischen" Entwicklungslinie zu verstehen. Phylogenetisch ältere Wirte beherbergen also „primitive" Parasiten (einer bestimmten Gruppe), phylogenetisch jüngere Wirte enthalten „höherentwickelte" Parasiten (derselben Gruppe).

3. EICHLERsche Entfaltungsregel: „Unter in sich gleichwertigen größeren systematischen Einheiten von Wirten haben diejenigen Gruppen, welche eine reiche systematische Gliederung aufweisen, auch eine größere Mannigfaltigkeit des (vorwiegend ständigen) Parasitenbestandes als diejenigen mit geringer Gliederung." Wirte aus artenreichen Gattungen haben also oft einen reicheren und verschiedenartigeren Parasitenbestand als Wirte aus seltenen, artenarmen Gattungen. Nach EICHLER (1942) kommen in der 1. und 2. Korrelationsregel vor allem historische Gesetzmäßigkeiten zum Ausdruck, während bei der Entfaltungsregel auch das „absolute Häufigkeits- und damit Gelegenheitsmoment" eine Rolle spielt.

SZIDAT (1956) bemerkt, daß besonders bei sich stürmisch entwickelnden Wirtsgruppen eine starke Vielgestaltigkeit der Parasiten vorliegt. Dort kann es zur Rückbesiedelung primitiver Wirte kommen, deren Parasitenbestand dadurch sekundär reichhaltiger wird (Vorkommen mehrerer Arten derselben Gattung oder Familie). Einzelne, altertümliche Wirte ohne nähere Verwandtschaft haben dagegen meist nur einen einzigen spezifischen Parasiten beliebiger Gruppen.

Die Rückübertragung von höherstehenden Parasiten einer Gruppe auf primitive Wirte bringt eine Verschleierung, Überlagerung und Komplizierung der Parallelentwicklung mit sich. Störungen der Parallelevolution ergeben sich weiter vor allem bei Parasiten mit Außenweltphasen und Heteroxenie durch Einwirkung verschiedenster ökologischer Faktoren sowie durch „konvergente Evolution" nicht näher verwandter Parasiten bei gleichem Wirt oder gleicher Lokalisation.

Die verzögerte Evolution der Parasiten ist keine prinzipielle Tendenz, da sie von der genetischen Variabilität der Parasiten abhängt: Stammbildung bei Mikroparasiten läuft der wirtlichen Evolution oft weit voraus. Eine schnellere Evolution der Parasiten kann auch durch Divergenz bei einer Wirtsart infolge Änderung der Lokalisation (Eroberung einer neuen ökologischen Nische) erfolgen. Solche Lokalisationsänderungen lösen oft ebenfalls eine „orthogenetische" Entwicklung der Parasiten aus. Dadurch können „gekoppelte Arten" (Dogiel) entstehen.

Daß eine weitgehende oder wenigstens partielle Parallelentwicklung von Parasitengruppen und -arten mit ihren Wirten über größere oder kleinere Zeiträume hinweg stattgefunden habe, wird heute allgemein anerkannt. Verschiedener Grad einer solchen Parallelentwicklung (abhängig davon, ob periodischer oder permanenter Parasitismus, ob Homoxenie oder Heteroxenie der Parasiten vorliegen) und auch verschiedene Dauer der Parallelentwicklung müssen dabei berücksichtigt werden. Wesentlich ist ferner, daß bei den betreffenden Parasiten die „phylogenetische Wirtsspezifität" überwiegt, was nicht immer leicht entschieden werden kann (S. 43). Außerdem ist eine gute Kenntnis des natürlichen Systems der betreffenden Parasitengruppe (von der wir vielfach noch weit entfernt sind) sowie der besonderen Entwicklungsrichtung notwendig. Wichtig ist auch die Erkennung von Konvergenzen und Homöomorphien bei den Parasiten (Osche 1957). Bei Zusammentreffen günstiger Voraussetzungen bietet die Analyse der Parallelentwicklung wertvolle Hinweise zur Lösung paläontologischer, phylogenetisch-systematischer und biogeographischer Probleme.

So hat die ornithologische Systematik durch die Mallophagenforschung wichtige Hinweise erhalten. Nach HARRISON (1928) weisen afrikanischer und südamerikanischer Strauß sehr nahe verwandte Parasiten auf, womit die Verwandtschaft von Strauß und Nandu bewiesen werden konnte. Nach EICHLER (1941) kommen die 3 für Entenvögel typischen Mallophagen *Anaticola*, *Anatoecus* und Trinotonidae sonst nur auf Flamingos vor. Flamingos weisen keine für Störche und Reiher typischen Mallophagengattungen auf. Dies spricht dafür, daß Flamingos näher mit Enten als mit Störchen und Reihern verwandt sind. SZIDAT (1956) weist darauf hin, daß die Parasitenfaunen von Reihern und Greifvögeln trotz großer Unterschiede in Ernährungs- und Lebensweise gewisse Ähnlichkeiten aufweisen. SZIDAT machte es andererseits u. a. auf Grund der Besonderheiten der Parasitenfaunen von Störchen und Reihern wahrscheinlich, daß sich beide Vogelgruppen an 2 weit voneinander entfernten Stellen entwickelt haben (Störche in Afrika, Reiher in Brasilien). Solche weitgehenden Schlußfolgerungen gewinnen um so mehr an Beweiskraft, je mehr spezifische Parasiten dafür herangezogen werden können.

Die Evolution von Parasiten mit plastischer („ökologischer") Wirtsspezifität: Nichtphylogenetische Wirtskreiserweiterung. Nach OSCHE (1957) ist Wirtskreiserweiterung die Tendenz euryadaptiver Parasiten, ihren Lebensraum auszudehnen, d. h. „den bestehenden Wirtskreis durch Aufnahme weiterer Glieder zu vergrößern." Plastische Spezifität ermöglicht z. B. eine Erweiterung des Wirtsbestandes über den Nahrungsweg (heteroxene Parasiten mit phagären Überträgern: Erwerb neuer Translatoren; Auftreten paratenischer Wirte). Die Wirtskreiserweiterung steigert mit der Zunahme der Zahl der Wirte die Aussichten einer schnellen Ausbreitung des Parasiten.

Breiter Raum kommt gemischten Typen der Evolution und Änderungen in der Orientierung der

Parasiten auf den Wirt zu. Primärer Wirt („Stammwirt") und Hauptwirt (S. 45) müssen nicht identisch sein. Für die Kleine Dasselfliege des Rindes (*Hypoderma lineatum*) ist z. B. der amerikanische Bison primärer Wirt. Solche Fälle belegen eine wirtliche „Umorientierung" von Parasiten in relativ kurzer Zeit.

8. Literatur

Hier sind nur wichtige neuere weiterführende oder vertiefende Buch- oder Sammelveröffentlichungen in Auswahl angeführt

BAER, J. G.:Le parasitisme. Lausanne, 1946.

BAER, J. G.: Ecology of animal parasites. Urbana, 1951.

BEKLEMIŠEV, V. N.: Biocenologičeskie osnovy sravnitel'noj parazitologii. Moskva, 1970.

BRAND, Th. v.: Parasitenphysiologie. Stuttgart u. Jena, 1972.

BÜCHNER, F., E. LETTERER und F. ROULET, (Hrsg.): Handbuch der allgemeinen Pathologie, Bd. XI/2 Belebte Umweltfaktoren. Berlin-Heidelberg-New York, 1965.

CAMERON, T. W. M.: Parasites and parasitism. London u. New York 1956.

CAULLERY, M.: Parasitism and symbiosis. London, 1952.

CHENG, Th. C. (Hrsg.): Aspects of the biology of symbiosis. Baltimore-London, 1971.

DOFLEIN, F., und E. REICHENOW: Lehrbuch der Protozoenkunde. 6. Aufl. Jena, 1952-53.

DOGIEL, V. A.: Allgemeine Parasitologie. Jena, 1963.

FRITZSCHE, R., H. GEILER und U. SEDLAG, (Hrsg.): Angewandte Entomologie. Jena, 1968.

GARNHAM, P. C. C.: Progress in parasitology. New York, 1971.

GÄUMANN, E.: Pflanzliche Infektionslehre. 2. Aufl. Basel, 1951.

GÄUMANN, E.: Die Pilze. 2. Aufl. Basel—Stuttgart, 1964.

HAWKER, L. E., A. H. LINTON, F. B. FOLKES, und M. J. CARLILE: Einführung in die Biologie der Mikroorganismen. Stuttgart, 1962.

HENRY, S. M. (Hrsg.): Symbiosis. Bd. 1, 2. New York—London, 1966-67.

HÖRING, F. O.: Klinische Infektionslehre. 3. Aufl. Berlin—Göttingen—Heidelberg, 1962.

HÜSING, J. O.: Parasitismus im Tierreich. Wittenberg, 1953.

JONES, A. W.: Introduction to parasitology. Reading—Palo Alto—London—Don Mills, 1967.

KLINKOWSKI, M., E. MÜHLE und E. REINMUTH (Hrsg.): Phytopathologie und Pflanzenschutz. Bd. I. Berlin, 1965.

KÖHLER, W., und H. MOCHMANN: Grundriß der Medizinischen Mikrobiologie. 3. Aufl. Jena, 1968.

KUIJT, J.: The biology of parasitic flowering plants. Berkeley—Los Angeles, 1969.

MARTINI, E.: Lehrbuch der Medizinischen Entomologie. 4. Aufl. Jena, 1952.

NOBLE, E. R., und G. A. NOBLE: Parasitology. 2. Aufl. Philadelphia, 1964.

ODENING, K.: Entwicklungswege der Schmarotzerwürmer oder Helminthen. Leipzig, 1969.

OSCHE, G.: Die Welt der Parasiten. Berlin—Heidelberg—New York, 1966.

PAVLOVSKIJ, E. N.: Obščie problemy parazitologii i zoologii, Moskva—Leningrad, 1961.

PFLUGFELDER, O.: Zooparasiten und die Reaktionen ihrer Wirtstiere. Jena, 1950.

PIEKARSKI, G.: Lehrbuch der Parasitologie. Berlin—Göttingen—Heidelberg, 1954.

Premier Symposium sur la spécificité parasitaire des parasites de Vertébrés. Neuchâtel, 1957.

READ, C. P.: Animal parasitism. Englewood Cliffs, 1972.

RÖHRER, H. (Hrsg.): Handbuch der Virusinfektionen bei Tieren, Bd.I. Jena, 1967.

ROTHSCHILD, M., und T. CLAY: Fleas, flukes & cuckoos. 3. Ausg. London, 1957.

SCHNEEWEISS, U.: Allgemeine Mikrobiologie. Berlin, 1968.

SCHUURMANS-STEKHOVEN, J. H.: Biologie der Parasiten der Säugetiere. Handbuch der Zoologie (KÜKENTHAL/KRUMBACH) 8. Bd., 20. Lief. Berlin, 1959.

SINNECKER, H.: Allgemeine Epidemiologie. Jena, 1971.

SMYTH, J. D.: Introduction to animal parasitology. London, 1962.

SPRENT, J. F. A.: Parasitism. Brisbane, 1963.

STANIER, R. Y., M. DOUDOROFF und E. A. ADELBERG: The Microbial World. 3. Aufl. Englewood Cliffs, 1970.

ŠUL'C, R. S., und E. V. GVOZDEV: Osnovy obščej gel'mintologii. Bd. I, II. Moskva, 1970, 1972.

THIMANN, K. V.: Das Leben der Bakterien. Jena, 1964.

Vorträge auf dem von der Parasitologischen Gesellschaft der DDR am 1. Nov. 1969 in Rostock veranstalteten Symposium über das Wesen des Parasitismus. Angew. Parasitol. (Jena) **11** (3), 1970.

9. Sachregister

Der Verfasser

gibt einen Überblick über den Parasitismus als Lebenserscheinung

behandelt Formen und Stufen, Entstehung und Evolution des Parasitismus

geht auf Wirtswechsel und Parasitenwirte sowie Fortpflanzung, Entwicklung und Lebenszyklen der großen Parasitengruppen ein

schildert individuelle und parasitozönotische Wechselwirkungen, biozönotische Beziehungen zwischen Parasit und Wirt, Populationsbiologie und Evolution der Parasiten

wendet sich an Biologen, Ökologen, Parasitologen, Mikrobiologen